영역	과목	교재	예비 초등			1-2학년				3-4학년				5-6학년				예비중등	
			P1	P2	P3	1A	1B	2A	2B	3A	3B	4A	4B	5A	5B	6A	6B	7A	7B
쓰기력	국어	한글 바로 쓰기	P1	P2	P3														
			P1~3_활동 모음집																
	국어	맞춤법 바로 쓰기				1A	1B	2A	2B										
어휘력	전 과목	어휘				1A	1B	2A	2B	3A	3B	4A	4B	5A	5B	6A	6B		
	전 과목	한자 어휘				1A	1B	2A	2B	3A	3B	4A	4B	5A	5B	6A	6B		
	영어	파닉스					1		2										
	영어	영단어								3A	3B	4A	4B	5A	5B	6A	6B		
독해력	국어	독해	P1		P2	1A	1B	2A	2B	3A	3B	4A	4B	5A	5B	6A	6B		
	한국사	독해 인물편								1		2		3		4			
	한국사	독해 시대편								1		2		3		4			
계산력	수학	계산				1A	1B	2A	2B	3A	3B	4A	4B	5A	5B	6A	6B	7A	7B
교과서 문해력	전 과목	개념어 +서술어				1A	1B	2A	2B	3A	3B	4A	4B	5A	5B	6A	6B		
	사회	교과서 독해								3A	3B	4A	4B	5A	5B	6A	6B		
	과학	교과서 독해								3A	3B	4A	4B	5A	5B	6A	6B		
	수학	문장제 기본				1A	1B	2A	2B	3A	3B	4A	4B	5A	5B	6A	6B		
	수학	문장제 발전				1A	1B	2A	2B	3A	3B	4A	4B	5A	5B	6A	6B		
창의·사고력	전 영역	창의력 키우기	1	2	3	4													

* 초등학생을 위한 영역별 배경지식 함양 <완자 공부력> 시리즈는 2024년부터 출간됩니다.

* 완자 공부력 신간은 계속해서 출간됩니다.

세상이 변해도
배움의 즐거움은
변함없도록

시대는 빠르게 변해도
배움의 즐거움은
변함없어야 하기에

어제의 비상은
남다른 교재부터
결이 다른 콘텐츠
전에 없던 교육 플랫폼까지

변함없는 혁신으로
교육 문화 환경의 새로운 전형을
실현해왔습니다.

비상은 오늘, 다시 한번
새로운 교육 문화 환경을 실현하기 위한
또 하나의 혁신을 시작합니다.

오늘의 내가 어제의 나를 초월하고
오늘의 교육이 어제의 교육을 초월하여
배움의 즐거움을 지속하는 혁신,

바로, 메타인지 기반 완전 학습을.

상상을 실현하는 교육 문화 기업 비상

메타인지 기반 완전 학습

초월을 뜻하는 meta와 생각을 뜻하는 인지가 결합한 메타인지는
자신이 알고 모르는 것을 스스로 구분하고 학습계획을 세우도록 하는
궁극의 학습 능력입니다. 비상의 메타인지 기반 완전 학습 시스템은
잠들어 있는 메타인지를 깨워 공부를 100% 내 것으로 만들도록 합니다.

공부로 이끄는 힘!

완자 공부력

교과서
문해력 수학 문장제 | 기본 | 4B
4학년

수학 문장제 기본 단계별 구성

1A	1B	2A	2B	3A	3B
9까지의 수	100까지의 수	세 자리 수	네 자리 수	덧셈과 뺄셈	곱셈
여러 가지 모양	덧셈과 뺄셈 (1)	여러 가지 도형	곱셈구구	평면도형	나눗셈
덧셈과 뺄셈	여러 가지 모양	덧셈과 뺄셈	길이 재기	나눗셈	원
비교하기	덧셈과 뺄셈 (2)	길이 재기	시각과 시간	곱셈	분수
50까지의 수	시계 보기와 규칙 찾기	분류하기	표와 그래프	길이와 시간	들이와 무게
	덧셈과 뺄셈 (3)	곱셈	규칙 찾기	분수와 소수	자료의 정리

수학 교과서 **전 단원, 전 영역** 문장제 문제를
쉽게 익히고 연습하여 문제 해결력을 길러요!

4A	4B	5A	5B	6A	6B
큰 수	분수의 덧셈과 뺄셈	자연수의 혼합 계산	수의 범위와 어림하기	분수의 나눗셈	분수의 나눗셈
각도	삼각형	약수와 배수	분수의 곱셈	각기둥과 각뿔	소수의 나눗셈
곱셈과 나눗셈	소수의 덧셈과 뺄셈	규칙과 대응	합동과 대칭	소수의 나눗셈	공간과 입체
평면도형의 이동	사각형	약분과 통분	소수의 곱셈	비와 비율	비례식과 비례배분
막대 그래프	꺾은선 그래프	분수의 덧셈과 뺄셈	직육면체	여러 가지 그래프	원의 둘레와 넓이
규칙 찾기	다각형	다각형의 둘레와 넓이	평균과 가능성	직육면체의 부피와 겉넓이	원기둥, 원뿔, 구

특징과 활용법

준비하기
단원별 2쪽, 가볍게 몸풀기

문장제 준비하기

준비 계산으로 문장제 준비하기

◆ 계산해 보세요.

분모는 그대로 두고
분자끼리 더해요.

① $\frac{2}{4} + \frac{1}{4} =$

⑥ $1\frac{2}{3} + 3\frac{2}{3} =$

② $\frac{3}{9} + \frac{4}{9} =$

⑦ $2\frac{7}{8} + 2\frac{6}{8} =$

③ $\frac{6}{10} + \frac{5}{10} =$

⑧ $4\frac{9}{20} + 2\frac{15}{20} =$

자연수는 자연수끼리,
진분수는 진분수끼리 더하거나
대분수를 가분수로 바꾸어 더해요.

④ $1\frac{1}{5} + 2\frac{1}{5} =$

가분수를 대분수로 바꾸어 더하거나
대분수를 가분수로 바꾸어 더해요.

⑨ $1\frac{5}{6} + \frac{8}{6} =$

⑤ $1\frac{2}{7} + 1\frac{3}{7} =$

⑩ $\frac{22}{14} + 2\frac{1}{14} =$

계산 문제나 기본 문제를
풀면서 개념을 확인해요!
잘 기억나지 않는 건
도움말을 보면서 떠올려요!

일차 학습
하루 4쪽, 문장제 학습

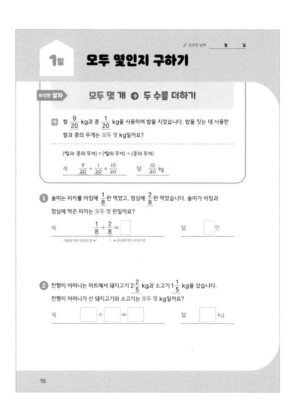

공부한 날짜   월   일

1일 **모두 몇인지 구하기**

이것만 알자   모두 몇 개 ➡ 두 수를 더하기

쌀 $\frac{9}{20}$ kg과 콩 $\frac{1}{20}$ kg을 사용하여 밥을 지었습니다. 밥을 짓는 데 사용한 쌀과 콩의 무게는 모두 몇 kg일까요?

(쌀과 콩의 무게) = (쌀의 무게) + (콩의 무게)

식 $\frac{9}{20} + \frac{1}{20} = \frac{10}{20}$ 답 $\frac{10}{20}$ kg

① 솔미는 피자를 아침에 $\frac{1}{8}$판 먹었고, 점심에 $\frac{2}{8}$판 먹었습니다. 솔미가 아침과 점심에 먹은 피자는 모두 몇 판일까요?

식 $\frac{1}{8} + \frac{2}{8} =$ ⬚   답 ⬚판

아침에 먹은 피자의 양   점심에 먹은 피자의 양

② 찬형이 어머니는 마트에서 돼지고기 $2\frac{2}{5}$ kg과 소고기 $1\frac{1}{5}$ kg을 샀습니다. 찬형이 어머니가 산 돼지고기와 소고기는 모두 몇 kg일까요?

식 ⬚ + ⬚ = ⬚   답 ⬚ kg

12

하루에 4쪽만 공부하면 끝!
이것만 알자 속 내용만 기억하면
풀이가 술술~

실력 확인하기
단원별 마무리하기와 총정리 실력 평가

마무리하기

앞에서 배운 문제를
풀면서 실력을 확인해요.
조금 더 어려운 도전 문제까지
성공하면 최고!

실력 평가

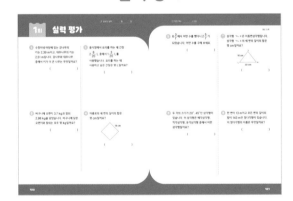

한 권을 모두 끝낸 후엔
실력 평가로 내 실력을 점검해요!
6개 이상 맞혔으면
발전편으로 GO!

정답과 해설

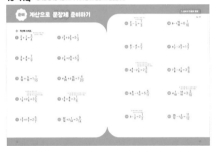

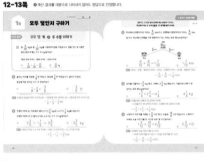

정답과 해설을 빠르게 확인하고,
틀린 문제는 다시 풀어요!
QR을 찍으면 모바일로도
정답을 확인할 수 있어요!

차례

1

분수의
덧셈과 뺄셈

준비

계산으로
문장제 준비하기

1일차

✦ 모두 몇인지 구하기

✦ 더 많은 수 구하기

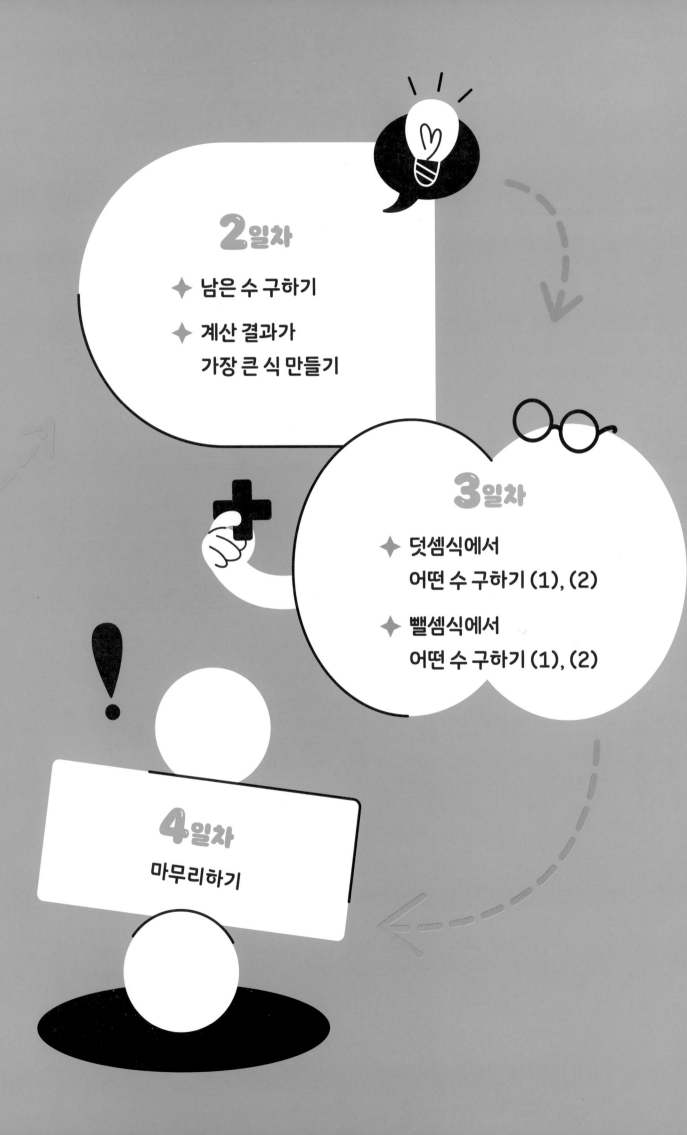

✦ **계산해 보세요.**

● 분모는 그대로 두고
분자끼리 더해요.

1 $\dfrac{2}{4} + \dfrac{1}{4} =$

6 $1\dfrac{2}{3} + 3\dfrac{2}{3} =$

2 $\dfrac{3}{9} + \dfrac{4}{9} =$

7 $2\dfrac{7}{8} + 2\dfrac{6}{8} =$

3 $\dfrac{6}{10} + \dfrac{5}{10} =$

8 $4\dfrac{9}{20} + 2\dfrac{15}{20} =$

● 자연수는 자연수끼리,
진분수는 진분수끼리 더하거나
대분수를 가분수로 바꾸어 더해요.

4 $1\dfrac{1}{5} + 2\dfrac{1}{5} =$

● 가분수를 대분수로 바꾸어 더하거나
대분수를 가분수로 바꾸어 더해요.

9 $1\dfrac{5}{6} + \dfrac{8}{6} =$

5 $1\dfrac{2}{7} + 1\dfrac{3}{7} =$

10 $\dfrac{22}{14} + 2\dfrac{1}{14} =$

정답 2쪽

● 분모는 그대로 두고
분자끼리 빼요.

11 $\dfrac{2}{3} - \dfrac{1}{3} =$

16 $8 - 1\dfrac{15}{16} =$

12 $\dfrac{6}{7} - \dfrac{4}{7} =$

17 $4\dfrac{1}{7} - 2\dfrac{5}{7} =$

● 자연수는 자연수끼리,
진분수는 진분수끼리 빼거나
대분수를 가분수로 바꾸어 빼요.

13 $4\dfrac{4}{5} - 2\dfrac{1}{5} =$

18 $7\dfrac{5}{8} - 3\dfrac{7}{8} =$

14 $6\dfrac{8}{11} - 1\dfrac{3}{11} =$

● 가분수를 대분수로 바꾸어 빼거나
대분수를 가분수로 바꾸어 빼요.

19 $4\dfrac{7}{10} - \dfrac{14}{10} =$

● 자연수에서 1만큼을
가분수로 바꾸어 빼요.

15 $3 - \dfrac{1}{2} =$

20 $\dfrac{25}{12} - 1\dfrac{2}{12} =$

1일 모두 몇인지 구하기

이것만 알자 　모두 몇 개 ➜ 두 수를 더하기

예　쌀 $\dfrac{9}{20}$ kg과 콩 $\dfrac{1}{20}$ kg을 사용하여 밥을 지었습니다. 밥을 짓는 데 사용한 쌀과 콩의 무게는 모두 몇 kg일까요?

(쌀과 콩의 무게) = (쌀의 무게) + (콩의 무게)

식　$\dfrac{9}{20} + \dfrac{1}{20} = \dfrac{10}{20}$　　　답　$\dfrac{10}{20}$ kg

---

1　솔미는 피자를 아침에 $\dfrac{1}{8}$판 먹었고, 점심에 $\dfrac{2}{8}$판 먹었습니다. 솔미가 아침과 점심에 먹은 피자는 모두 몇 판일까요?

식　$\dfrac{1}{8} + \dfrac{2}{8} = \boxed{}$　　　답　$\boxed{}$판

아침에 먹은 피자의 양 ●　　● 점심에 먹은 피자의 양

2　찬형이 어머니는 마트에서 돼지고기 $2\dfrac{2}{5}$ kg과 소고기 $1\dfrac{1}{5}$ kg을 샀습니다. 찬형이 어머니가 산 돼지고기와 소고기는 모두 몇 kg일까요?

식　$\boxed{} + \boxed{} = \boxed{}$　　　답　$\boxed{}$ kg

정답 2쪽

왼쪽 ❶, ❷번과 같이 문제의 핵심 부분에 색칠하고, 계산해야 하는 두 수에 밑줄을 그어 문제를 풀어 보세요.

③ 학교에서 은행까지의 거리는 $\frac{9}{10}$ km이고, 은행에서 병원까지의 거리는 $\frac{8}{10}$ km 입니다. 학교에서 은행을 거쳐 병원까지 가는 거리는 모두 몇 km일까요?

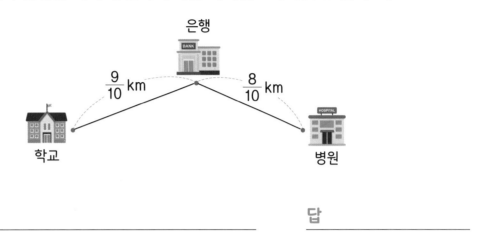

식 _____ 답 _____

④ 감자를 지율이는 $1\frac{3}{4}$ kg 캤고, 오빠는 $2\frac{2}{4}$ kg 캤습니다. 지율이와 오빠가 캔 감자는 모두 몇 kg일까요?

식 _____ 답 _____

⑤ 소영이가 자전거를 어제는 $1\frac{3}{12}$ 시간 탔고, 오늘은 $\frac{14}{12}$ 시간 탔습니다. 소영이가 어제와 오늘 자전거를 탄 시간은 모두 몇 시간일까요?

식 _____ 답 _____

더 많은 수 구하기

■보다 ● 더 많이 → ■+●

예 리본을 태우는 $\frac{3}{5}$ m 가지고 있고, 현지는 태우보다 $\frac{1}{5}$ m 더 많이 가지고 있습니다. 현지가 가지고 있는 리본의 길이는 몇 m일까요?

(현지가 가지고 있는 리본의 길이)

= (태우가 가지고 있는 리본의 길이) + $\frac{1}{5}$

식 $\frac{3}{5} + \frac{1}{5} = \frac{4}{5}$ 답 $\frac{4}{5}$ m

더 멀리, 더 오래……도 덧셈식을 이용해요.

① 경서네 아버지는 벽을 칠하는 데 흰색 페인트를 $\frac{5}{7}$ L 사용했고, 초록색 페인트를 흰색 페인트보다 $\frac{1}{7}$ L 더 많이 사용했습니다. 경서네 아버지가 벽을 칠하는 데 사용한 초록색 페인트는 몇 L일까요?

식 $\frac{5}{7} + \frac{1}{7} = \boxed{}$ 답 $\boxed{}$ L

└ 사용한 흰색 페인트의 양

② 원반을 재현이는 $8\frac{2}{9}$ m 던졌고, 우진이는 재현이보다 $1\frac{6}{9}$ m 더 멀리 던졌습니다. 우진이는 원반을 몇 m 던졌을까요?

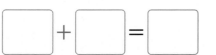

식 $\boxed{} + \boxed{} = \boxed{}$ 답 $\boxed{}$ m

왼쪽 ①, ②번과 같이 문제의 핵심 부분에 색칠하고,
계산해야 하는 두 수에 밑줄을 그어 문제를 풀어 보세요.

정답 3쪽

③ 정민이는 $\dfrac{17}{20}$분 동안 잠수했고, 성은이는 정민이보다 $\dfrac{4}{20}$분 더 오래
잠수했습니다. 성은이가 잠수한 시간은 몇 분일까요?

식 _____   답 _____

④ 정우는 오늘 우유를 $1\dfrac{2}{4}$컵 마셨고, 물은 우유보다 $5\dfrac{3}{4}$컵 더 많이 마셨습니다.
정우가 오늘 마신 물은 몇 컵일까요?

식 _____   답 _____

⑤ 세희는 쿠키를 만드는 데 설탕을 $\dfrac{11}{8}$ kg 사용했고, 밀가루는
설탕보다 $1\dfrac{2}{8}$ kg 더 많이 사용했습니다. 세희가 쿠키를
만드는 데 사용한 밀가루는 몇 kg일까요?

식 _____

답 _____

2일 남은 수 구하기

이것만 알자

~하고 남은 것은 몇 개
→ (처음에 있던 수) − (없어진 수)

예 우림이는 주스 $\frac{9}{10}$ L 중에서 $\frac{2}{10}$ L를 마셨습니다. 우림이가 마시고 남은 주스는 몇 L일까요?

(마시고 남은 주스의 양) = (처음 있던 주스의 양) − (마신 주스의 양)

식　　$\frac{9}{10} - \frac{2}{10} = \frac{7}{10}$　　　　답　　$\frac{7}{10}$ L

---

1 연우네 가족은 체리를 $\frac{6}{8}$ kg 사서 $\frac{4}{8}$ kg 먹었습니다. 연우네 가족이 먹고 남은 체리는 몇 kg일까요?

식　　　　$\frac{6}{8} - \frac{4}{8} = \boxed{}$　　　　　　답　$\boxed{}$ kg

산 체리의 무게 ●—　　—● 먹은 체리의 무게

---

2 서현이 어머니는 빵가루를 $1\frac{2}{4}$ kg 사서 튀김 요리를 만드는 데 $1\frac{1}{4}$ kg 사용했습니다. 튀김 요리를 만드는 데 사용하고 남은 빵가루는 몇 kg일까요?

식　$\boxed{} - \boxed{} = \boxed{}$　　　　　답　$\boxed{}$ kg

왼쪽 **1**, **2**번과 같이 문제의 핵심 부분에 색칠하고,
계산해야 하는 두 수에 밑줄을 그어 문제를 풀어 보세요.

정답 3쪽

3 현성이는 미술 시간에 철사 1 m 중에서 $\frac{4}{6}$ m를 사용했습니다. 현성이가 사용하고
남은 철사는 몇 m일까요?

식 _____ 답 _____

4 새별이는 물뿌리개에 물을 $2\frac{4}{9}$ L 담아서 꽃밭에 물을
주는 데 $1\frac{7}{9}$ L 사용했습니다. 꽃밭에 물을 주고
물뿌리개에 남은 물은 몇 L일까요?

식 _____

답 _____

5 누리는 색 테이프 $5\frac{6}{12}$ m 중에서 $\frac{27}{12}$ m를 사용하여 액자를 꾸몄습니다.
누리가 액자를 꾸미고 남은 색 테이프는 몇 m일까요?

식 _____ 답 _____

계산 결과가 가장 큰 식 만들기

이것만 알자

합이 가장 큰 덧셈식 ➡ (가장 큰 수) + (둘째로 큰 수)
차가 가장 큰 뺄셈식 ➡ (가장 큰 수) − (가장 작은 수)

예 분수 카드 3장 중 2장을 골라 합이 가장 큰 덧셈식을 만들고, 계산해 보세요.

$$\frac{4}{7} \qquad \frac{1}{7} \qquad \frac{2}{7}$$

$\dfrac{4}{7} > \dfrac{2}{7} > \dfrac{1}{7}$ 이므로 가장 큰 수인 $\dfrac{4}{7}$ 와

둘째로 큰 수인 $\dfrac{2}{7}$ 를 더합니다.

$\dfrac{2}{7} + \dfrac{4}{7} = \dfrac{6}{7}$ 으로
계산할 수도 있어요.

식 $\qquad \dfrac{4}{7} + \dfrac{2}{7} = \dfrac{6}{7}$

답 $\qquad \dfrac{6}{7}$

---

1 분수 카드 3장 중 2장을 골라 차가 가장 큰 뺄셈식을 만들고, 계산해 보세요.

$$\frac{5}{13} \qquad \frac{10}{13} \qquad \frac{3}{13}$$

가장 큰 수 ●⎯⎯⎯⎯⎯⎯ ⎯⎯●가장 작은 수

식 $\qquad \dfrac{10}{13} - \dfrac{3}{13} = \boxed{}$

답 $\boxed{}$

---

2 분수 카드 3장 중 2장을 골라 합이 가장 큰 덧셈식을 만들고, 계산해 보세요.

$$\frac{2}{5} \qquad \frac{3}{5} \qquad \frac{4}{5}$$

식 $\qquad \dfrac{4}{5} + \boxed{} = \boxed{}$

답 $\boxed{}$

왼쪽 ❶, ❷번과 같이 문제의 핵심 부분에 색칠하고,
문제를 풀어 보세요.

정답 4쪽

③ 분수 카드 3장 중 2장을 골라 합이 가장 큰 덧셈식을 만들고, 계산해 보세요.

$$1\frac{5}{6} \qquad 3\frac{2}{6} \qquad 2\frac{3}{6}$$

식 _____   답 _____

④ 수 카드 3장 중 2장을 골라 차가 가장 큰 뺄셈식을 만들고, 계산해 보세요.

$$1\frac{4}{8} \qquad 4 \qquad 1\frac{6}{8}$$

식 _____   답 _____

⑤ 분수 카드 4장 중 2장을 골라 합이 가장 큰 덧셈식을 만들고, 계산해 보세요.

$$4\frac{8}{15} \qquad 1\frac{11}{15} \qquad 3\frac{9}{15} \qquad 3\frac{3}{15}$$

식 _____   답 _____

3일 덧셈식에서 어떤 수 구하기 (1)

이것만 알자

어떤 수(□)에 ●를 더했더니 ▲ ➔ □ + ● = ▲
뺄셈식으로 나타내면 ➔ ▲ − ● = □

예 어떤 수에 $\dfrac{2}{4}$를 더했더니 $1\dfrac{1}{4}$이 되었습니다. 어떤 수를 구해 보세요.

어떤 수를 □라 하여 덧셈식을 세우고
덧셈식을 뺄셈식으로 나타내어 어떤 수를 구합니다.

$$\square + \dfrac{2}{4} = 1\dfrac{1}{4} \implies 1\dfrac{1}{4} - \dfrac{2}{4} = \square,\ \square = \dfrac{3}{4}$$

답 $\dfrac{3}{4}$

---

1 어떤 수에 $1\dfrac{5}{9}$를 더했더니 4가 되었습니다. 어떤 수를 구해 보세요.

풀이

어떤 수
$$\blacksquare + 1\dfrac{5}{9} = 4$$
$$\implies 4 - 1\dfrac{5}{9} = \blacksquare,\ \blacksquare = \boxed{}$$

답 _____

---

2 어떤 수에 $\dfrac{17}{10}$을 더했더니 $3\dfrac{8}{10}$이 되었습니다. 어떤 수를 구해 보세요.

풀이

어떤 수
$$\blacksquare + \boxed{} = \boxed{}$$
$$\implies \boxed{} - \boxed{} = \blacksquare,\ \blacksquare = \boxed{}$$

답 _____

덧셈식에서 어떤 수 구하기 (2)

이것만 알자

●에 어떤 수(□)를 더했더니 ▲ ➡ ●+□=▲
뺄셈식으로 나타내면 ➡ ▲-●=□

예 $\frac{5}{12}$ 에 어떤 수를 더했더니 $\frac{8}{12}$ 이 되었습니다. 어떤 수를 구해 보세요.

어떤 수를 □라 하여 덧셈식을 세우고
덧셈식을 뺄셈식으로 나타내어 어떤 수를 구합니다.

$$\frac{5}{12} + □ = \frac{8}{12} \Rightarrow \frac{8}{12} - \frac{5}{12} = □, \ □ = \frac{3}{12}$$

답 $\frac{3}{12}$

1 $3\frac{1}{7}$ 에 어떤 수를 더했더니 $5\frac{4}{7}$ 가 되었습니다. 어떤 수를 구해 보세요.

풀이

$$3\frac{1}{7} + \blacksquare \overset{\text{어떤 수}}{=} 5\frac{4}{7}$$

$$\Rightarrow 5\frac{4}{7} - 3\frac{1}{7} = \blacksquare, \ \blacksquare = \boxed{}$$

답 _____

2 $1\frac{11}{16}$ 에 어떤 수를 더했더니 $7\frac{3}{16}$ 이 되었습니다. 어떤 수를 구해 보세요.

풀이

$$\boxed{} + \blacksquare \overset{\text{어떤 수}}{=} \boxed{}$$

$$\Rightarrow \boxed{} - \boxed{} = \blacksquare, \ \blacksquare = \boxed{}$$

답 _____

뺄셈식에서 어떤 수 구하기 (1)

어떤 수(□)에서 ●를 뺐더니 ▲ ➜ $□-●=▲$

덧셈식으로 나타내면 ➜ $▲+●=□$

예 어떤 수에서 $\dfrac{1}{5}$ 을 뺐더니 $\dfrac{2}{5}$ 가 되었습니다. 어떤 수를 구해 보세요.

어떤 수를 □라 하여 뺄셈식을 세우고

뺄셈식을 덧셈식으로 나타내어 어떤 수를 구합니다.

$$□-\dfrac{1}{5}=\dfrac{2}{5} \ \Rightarrow \ \dfrac{2}{5}+\dfrac{1}{5}=□, \ □=\dfrac{3}{5}$$

답 $\dfrac{3}{5}$

---

1 어떤 수에서 $\dfrac{2}{3}$ 를 뺐더니 $2\dfrac{1}{3}$ 이 되었습니다. 어떤 수를 구해 보세요.

풀이

어떤 수
$$■-\dfrac{2}{3}=2\dfrac{1}{3}$$

$$\Rightarrow \ 2\dfrac{1}{3}+\dfrac{2}{3}=■, \ ■=\boxed{}$$

답 _____

---

2 어떤 수에서 $4\dfrac{7}{8}$ 을 뺐더니 $1\dfrac{2}{8}$ 가 되었습니다. 어떤 수를 구해 보세요.

풀이

어떤 수
$$■-\boxed{}=\boxed{}$$

$$\Rightarrow \ \boxed{}+\boxed{}=■, \ ■=\boxed{}$$

답 _____

뺄셈식에서 어떤 수 구하기 (2)

정답 5쪽

이것만 알자

●에서 어떤 수(□)를 뺐더니 ▲ ➡ ● − □ = ▲
다른 뺄셈식으로 나타내면 ➡ ● − ▲ = □

예 $2\frac{4}{6}$에서 어떤 수를 뺐더니 $1\frac{3}{6}$이 되었습니다. 어떤 수를 구해 보세요.

어떤 수를 □라 하여 뺄셈식을 세우고
뺄셈식을 다른 뺄셈식으로 나타내어 어떤 수를 구합니다.

$2\frac{4}{6} - □ = 1\frac{3}{6}$ ⇨ $2\frac{4}{6} - 1\frac{3}{6} = □,\ □ = 1\frac{1}{6}$

답 $1\frac{1}{6}$

1 $5\frac{4}{11}$에서 어떤 수를 뺐더니 $1\frac{9}{11}$가 되었습니다. 어떤 수를 구해 보세요.

풀이

$5\frac{4}{11} - \blacksquare = 1\frac{9}{11}$ (어떤 수)

⇨ $5\frac{4}{11} - 1\frac{9}{11} = \blacksquare,\ \blacksquare = \boxed{}$

답 _____

2 $\frac{72}{15}$에서 어떤 수를 뺐더니 $2\frac{13}{15}$이 되었습니다. 어떤 수를 구해 보세요.

풀이

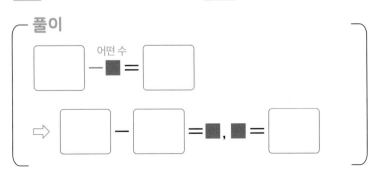

답 _____

마무리하기

12쪽

1 물병에 차가운 물을 $\dfrac{4}{5}$ L 담았고,

뜨거운 물을 $\dfrac{2}{5}$ L 담았습니다. 물병에

담은 물은 모두 몇 L일까요?

(   )

16쪽

3 도윤이는 흙을 5 kg 사서 화분에 꽃을

심는 데 $3\dfrac{18}{20}$ kg 사용했습니다.

도윤이가 화분에 꽃을 심고 남은 흙은

몇 kg일까요?

(   )

14쪽

2 과수원에서 귤을 주원이는 $1\dfrac{4}{8}$ kg

땄고, 형은 주원이보다 $1\dfrac{1}{8}$ kg

더 많이 땄습니다. 형이 딴 귤은

몇 kg일까요?

(   )

18쪽

4 분수 카드 3장 중 2장을 골라 합이

가장 큰 덧셈식을 만들고, 계산해

보세요.

| $2\dfrac{1}{9}$ | $3\dfrac{8}{9}$ | $2\dfrac{6}{9}$ |

$\boxed{} + \boxed{} = \boxed{}$

정답 5쪽

18쪽

5 분수 카드 3장 중 2장을 골라 차가 가장 큰 뺄셈식을 만들고, 계산해 보세요.

$$\frac{25}{17} \qquad 3\frac{12}{17} \qquad 1\frac{10}{17}$$

$$\boxed{} - \boxed{} = \boxed{}$$

20쪽

6 어떤 수에 $\frac{7}{15}$을 더했더니 $\frac{13}{15}$이 되었습니다. 어떤 수를 구해 보세요.

(   )

23쪽

7 $7\frac{2}{11}$에서 어떤 수를 뺐더니 $4\frac{6}{11}$이 되었습니다. 어떤 수를 구해 보세요.

(   )

8 **12쪽** **14쪽**   **도전 문제**

색 테이프를 민선이는 $\frac{5}{6}$ m 사용했고,

연우는 민선이보다 $\frac{3}{6}$ m 더 많이

사용했습니다. 민선이와 연우가 사용한 색 테이프는 모두 몇 m일까요?

❶ 연우가 사용한 색 테이프의 길이

→ (   )

❷ 민선이와 연우가 사용한 색 테이프의 길이

→ (   )

2

삼각형

준비

기본 문제로
문장제 준비하기

5일차

✦ 예각삼각형, 직각삼각형,
둔각삼각형 구분하기

✦ 이등변삼각형의
세 변의 길이의 합 구하기

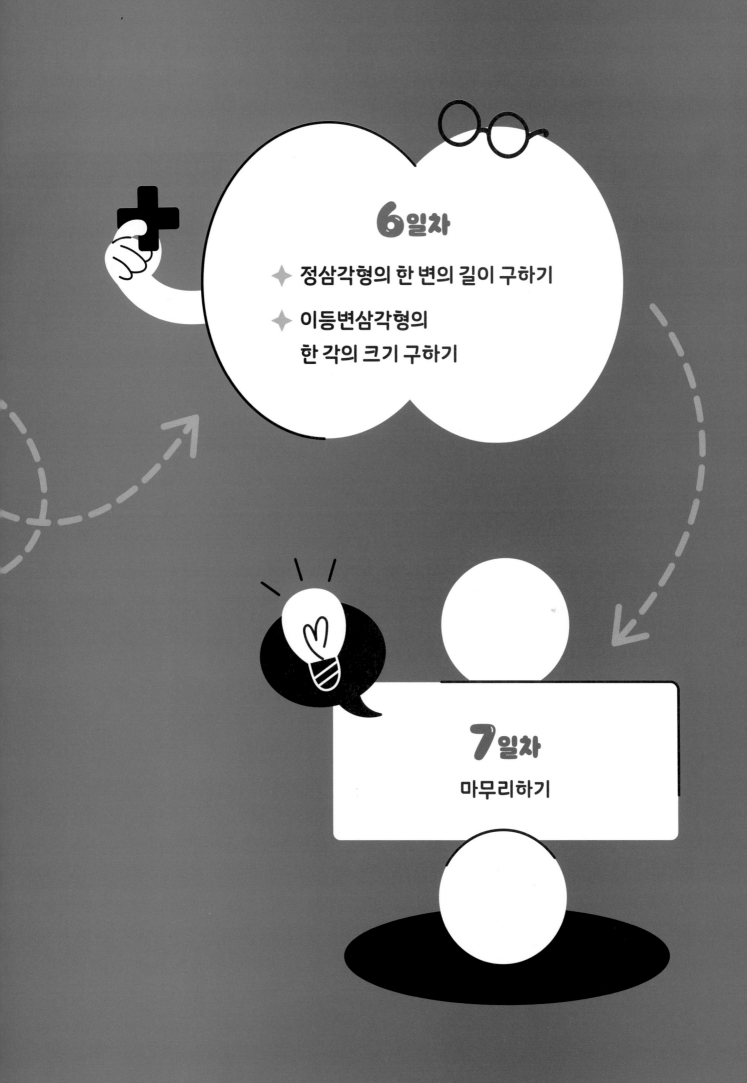

1 정삼각형을 찾아 ◯표 하세요.

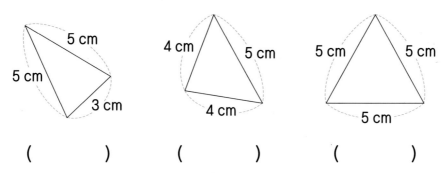

(   )   (   )   (   )

2 주어진 선분을 한 변으로 하는 이등변삼각형을 그려 보세요.

3 이등변삼각형입니다. ☐ 안에 알맞은 수를 써넣으세요.

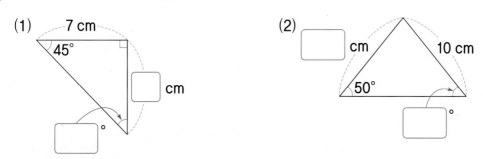

4 주어진 선분을 한 변으로 하는 정삼각형을 그려 보세요.

5 정삼각형입니다. ☐ 안에 알맞은 수를 써넣으세요.

(1) 9 cm 9 cm ☐ cm

(2) ☐° 60° 60°

6 삼각형을 예각삼각형과 둔각삼각형으로 분류하여 써 보세요.

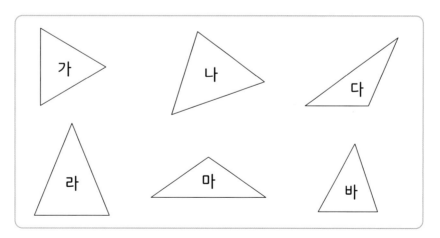

예각삼각형	둔각삼각형

5일 예각삼각형, 직각삼각형, 둔각삼각형 구분하기

이것만 알자

예각삼각형, 직각삼각형, 둔각삼각형 중 어떤 삼각형
➡️
┌ 예각삼각형: 세 각이 모두 예각
├ 직각삼각형: 한 각이 직각
└ 둔각삼각형: 한 각이 둔각

예 두 각의 크기가 50°, 45°인 삼각형이 있습니다. 이 삼각형은 예각삼각형, 직각삼각형, 둔각삼각형 중에서 어떤 삼각형일까요?

- -

삼각형의 세 각의 크기의 합이 180°이므로

180°에서 주어진 두 각의 크기를 빼면

나머지 한 각의 크기를 구할 수 있습니다.

(나머지 한 각의 크기) = 180° − 50° − 45° = 85°

따라서 세 각이 모두 예각이므로 예각삼각형입니다.

답   예각삼각형

---

1 두 각의 크기가 60°, 30°인 삼각형이 있습니다. 이 삼각형은 예각삼각형, 직각삼각형, 둔각삼각형 중에서 어떤 삼각형일까요?

(   )

2 두 각의 크기가 25°, 50°인 삼각형이 있습니다. 이 삼각형은 예각삼각형, 직각삼각형, 둔각삼각형 중에서 어떤 삼각형일까요?

(   )

왼쪽 **1**, **2**번과 같이 문제의 핵심 부분에 색칠하고,
문제를 풀어 보세요.

정답 6쪽

3 두 각의 크기가 85°, 10°인 삼각형이 있습니다. 이 삼각형은 예각삼각형,
직각삼각형, 둔각삼각형 중에서 어떤 삼각형일까요?

(   )

4 두 각의 크기가 15°, 75°인 삼각형이 있습니다. 이 삼각형은 예각삼각형,
직각삼각형, 둔각삼각형 중에서 어떤 삼각형일까요?

(   )

5 두 각의 크기가 30°, 55°인 삼각형이 있습니다. 이 삼각형은 예각삼각형,
직각삼각형, 둔각삼각형 중에서 어떤 삼각형일까요?

(   )

6 두 각의 크기가 65°, 65°인 삼각형이 있습니다. 이 삼각형은 예각삼각형,
직각삼각형, 둔각삼각형 중에서 어떤 삼각형일까요?

(   )

5일 이등변삼각형의 세 변의 길이의 합 구하기

이등변삼각형의 세 변의 길이의 합은?
→ 이등변삼각형은 두 변의 길이가 같음을 이용하기

예 삼각형 ㄱㄴㄷ은 이등변삼각형입니다. 삼각형 ㄱㄴㄷ의
세 변의 길이의 합은 몇 cm일까요?

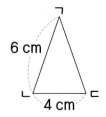

변 ㄱㄴ의 길이와 변 ㄱㄷ의 길이가 같으므로
(변 ㄱㄷ) = (변 ㄱㄴ) = 6 cm입니다.
⇨ (삼각형 ㄱㄴㄷ의 세 변의 길이의 합) = 6 + 4 + 6 = 16(cm)

답   16 cm

1 삼각형 ㄹㅁㅂ은 이등변삼각형입니다. 삼각형 ㄹㅁㅂ의
세 변의 길이의 합은 몇 cm일까요?

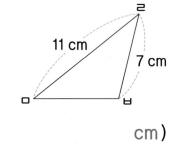

(cm)

2 삼각형 ㅅㅇㅈ은 이등변삼각형입니다. 삼각형 ㅅㅇㅈ의
세 변의 길이의 합은 몇 cm일까요?

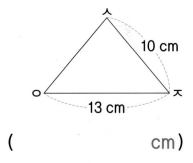

(cm)

왼쪽 **①**, **②**번과 같이 문제의 핵심 부분에 색칠하고,
문제를 풀어 보세요.

정답 7쪽

③ 삼각형 ㄱㄴㄷ은 이등변삼각형입니다. 삼각형 ㄱㄴㄷ의 세 변의 길이의 합은
몇 cm일까요?

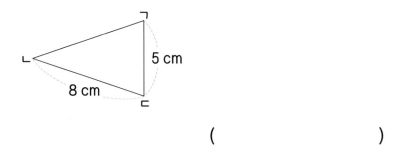

(   )

④ 삼각형 ㄹㅁㅂ은 이등변삼각형입니다. 삼각형 ㄹㅁㅂ의 세 변의 길이의 합은
몇 cm일까요?

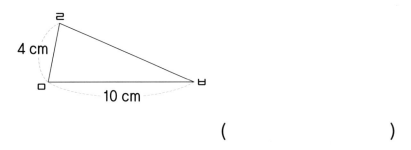

(   )

⑤ 삼각형 ㅅㅇㅈ은 이등변삼각형입니다. 삼각형 ㅅㅇㅈ의 세 변의 길이의 합은
몇 cm일까요?

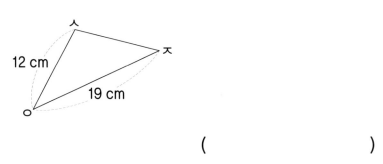

(   )

6일 정삼각형의 한 변의 길이 구하기

이것만 알자 (한 변의 길이)=(정삼각형의 세 변의 길이의 합)÷3

예 유진이는 길이가 21 cm인 철사를 모두 사용하여 정삼각형을 한 개 만들었습니다. 유진이가 만든 정삼각형의 한 변의 길이는 몇 cm일까요?

철사를 모두 사용하였으므로 유진이가 만든 정삼각형의 세 변의 길이의 합은 철사의 길이와 같은 21 cm입니다.

⇨ (정삼각형의 한 변의 길이) = 21 ÷ 3 = 7(cm)

답   7 cm

1 민기는 길이가 12 cm인 끈을 모두 사용하여 정삼각형을 한 개 만들었습니다. 민기가 만든 정삼각형의 한 변의 길이는 몇 cm일까요?

(cm)

2 수민이는 길이가 27 cm인 털실을 모두 사용하여 정삼각형을 한 개 만들었습니다. 수민이가 만든 정삼각형의 한 변의 길이는 몇 cm일까요?

(cm)

정답 7쪽

왼쪽 **1**, **2**번과 같이 문제의 핵심 부분에 색칠하고,
문제를 풀어 보세요.

3 선정이는 길이가 36 cm인 리본을 모두 사용하여 정삼각형을 한 개 만들었습니다.
선정이가 만든 정삼각형의 한 변의 길이는 몇 cm일까요?

(   )

4 태은이는 운동장에 세 변의 길이의 합이 6 m인 정삼각형을 그리려고 합니다.
정삼각형의 한 변의 길이를 몇 m가 되도록 그려야 할까요?

(   )

5 선웅이는 칠판에 세 변의 길이의 합이 90 cm인 정삼각형을 그리려고 합니다.
정삼각형의 한 변의 길이를 몇 cm가 되도록 그려야 할까요?

(   )

6 백호는 공책에 세 변의 길이의 합이 147 mm인 정삼각형을 그리려고 합니다.
정삼각형의 한 변의 길이를 몇 mm가 되도록 그려야 할까요?

(   )

이등변삼각형의 한 각의 크기 구하기

이등변삼각형의 한 각의 크기는?
→ **이등변삼각형은 두 각의 크기가 같음을 이용하기**

예 삼각형 ㄱㄴㄷ은 이등변삼각형입니다. 각 ㄱㄷㄴ의 크기를 구해 보세요.

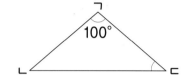

삼각형의 세 각의 크기의 합은 180°이므로
(각 ㄱㄴㄷ) + (각 ㄱㄷㄴ) = 180° − 100° = 80°입니다.
각 ㄱㄴㄷ과 각 ㄱㄷㄴ은 크기가 같으므로
(각 ㄱㄷㄴ) = 80° ÷ 2 = 40°입니다.

답 ____40°____

1 삼각형 ㄹㅁㅂ은 이등변삼각형입니다. 각 ㄹㅁㅂ의 크기를 구해 보세요.

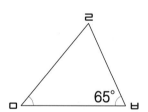

풀이
각 ㅁㄹㅂ과 각 ㅁㅂㄹ은 크기가 같으므로
(각 ㅁㄹㅂ)=(각 ㅁㅂㄹ)= ☐ °입니다.
삼각형의 세 각의 크기의 합은 180°이므로
(각 ㄹㅁㅂ)
=180° − 65° − ☐ ° = ☐ °입니다.

답 ☐ °

왼쪽 **①**번과 같이 문제의 핵심 부분에 색칠하고,
문제를 풀어 보세요.

② 삼각형 ㄱㄴㄷ은 이등변삼각형입니다. 각 ㄴㄱㄷ의 크기를
구해 보세요.

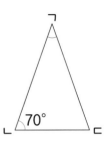

┌ **풀이**

└

답 _____

③ 삼각형 ㄹㅁㅂ은 이등변삼각형입니다. 각 ㄹㅁㅂ의 크기를
구해 보세요.

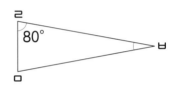

┌ **풀이**

└

답 _____

④ 삼각형 ㅅㅇㅈ은 이등변삼각형입니다. 각 ㅅㅇㅈ의 크기를
구해 보세요.

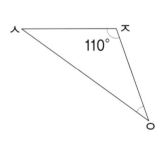

┌ **풀이**

└

답 _____

7일 마무리하기

30쪽

1 두 각의 크기가 45°, 45°인 삼각형이 있습니다. 이 삼각형은 예각삼각형, 직각삼각형, 둔각삼각형 중에서 어떤 삼각형일까요?

(　　　　　　　　　)

30쪽

2 두 각의 크기가 35°, 45°인 삼각형이 있습니다. 이 삼각형은 예각삼각형, 직각삼각형, 둔각삼각형 중에서 어떤 삼각형일까요?

(　　　　　　　　　)

34쪽

3 수빈이는 길이가 72 cm인 리본을 모두 사용하여 정삼각형을 한 개 만들었습니다. 수빈이가 만든 정삼각형의 한 변의 길이는 몇 cm일까요?

(　　　　　　　　　)

32쪽

4 삼각형 ㄱㄴㄷ은 이등변삼각형입니다. 삼각형 ㄱㄴㄷ의 세 변의 길이의 합은 몇 cm일까요?

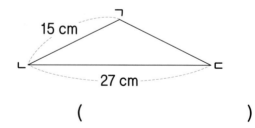

(　　　　　　　　　)

정답 8쪽

32쪽

5 삼각형 ㄹㅁㅂ은 이등변삼각형입니다. 삼각형 ㄹㅁㅂ의 세 변의 길이의 합은 몇 cm일까요?

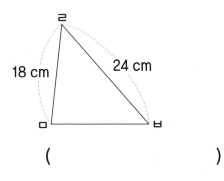

(   )

36쪽

7 삼각형 ㅊㅋㅌ은 이등변삼각형입니다. 각 ㅊㅋㅌ의 크기를 구해 보세요.

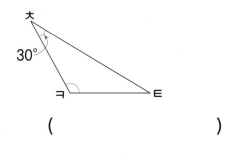

(   )

36쪽

6 삼각형 ㅅㅇㅈ은 이등변삼각형입니다. 각 ㅇㅈㅅ의 크기를 구해 보세요.

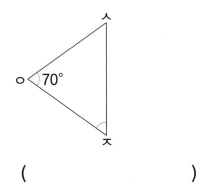

(   )

8 32쪽 34쪽

도전 문제

정삼각형 가와 이등변삼각형 나의 세 변의 길이의 합은 같습니다. 정삼각형 가의 한 변의 길이는 몇 cm일까요?

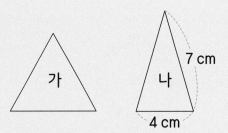

❶ 이등변삼각형 나의 세 변의 길이의 합

→ (   )

❷ 정삼각형 가의 한 변의 길이

→ (   )

3

소수의 덧셈과 뺄셈

준비

계산으로
문장제 준비하기

8일차

✦ 단위를 바꾸어 소수로 나타내기

✦ 더 많은(적은) 것 구하기

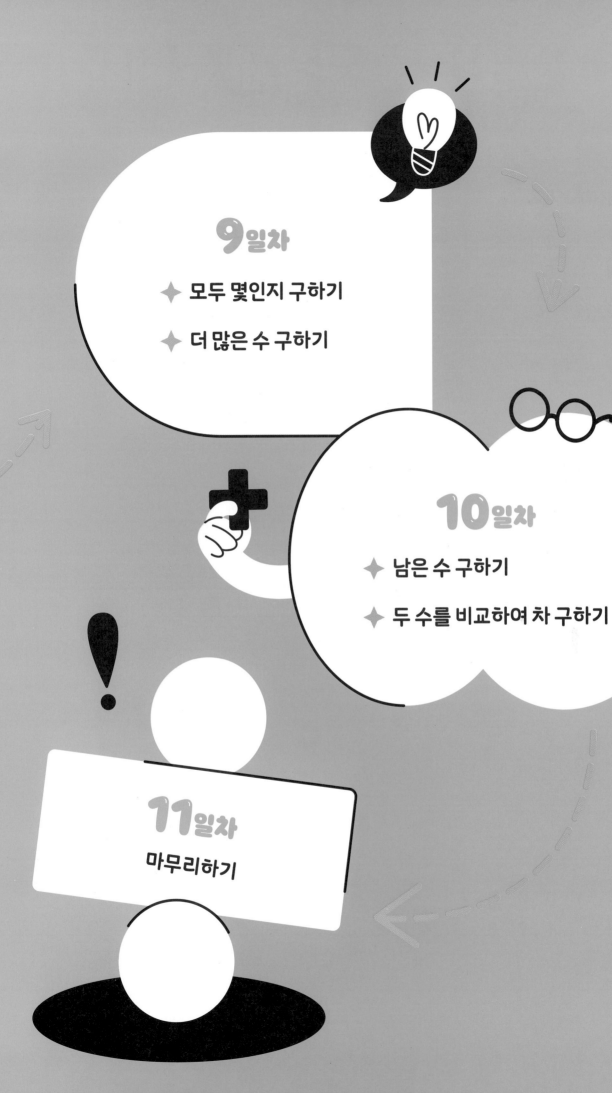

준비 계산으로 문장제 준비하기

◆ **계산해 보세요.**

1
```
      1
    1 . 7
  + 0 . 5
  ─────────
    2 ↓ 2
```
● 같은 자리 수끼리의 합이 10이거나 10보다 크면 바로 윗자리로 1을 받아올려 계산해요.

● 같은 자리 수끼리 더한 다음 소수점을 그대로 내려 찍어요.

2
```
    2 . 3
  + 1 . 8
  ─────────
```

3
```
    0 . 3 4
  + 0 . 5 1
  ───────────
```

4
```
    1 . 9 5
  + 3 . 1 9
  ───────────
```

5
```
    1 0 . 4 0
  +    1 . 7 3
  ─────────────
```
● 자릿수가 다른 소수의 덧셈을 할 때는 오른쪽 끝자리 뒤에 0이 있는 것으로 생각해요.

6
```
    1  10
    2 . 1
  - 0 . 2
  ─────────
    1 ↓ 9
```
● 같은 자리 수끼리 뺄 수 없으면 바로 윗자리에서 1을 받아내려 계산해요.

● 같은 자리 수끼리 뺀 다음 소수점을 그대로 내려 찍어요.

7
```
    4 . 5
  - 2 . 7
  ─────────
```

8
```
    1 . 2 8
  - 0 . 1 3
  ───────────
```

9
```
    5 . 6 0
  - 4 . 4 6
  ───────────
```
● 자릿수가 다른 소수의 뺄셈을 할 때는 오른쪽 끝자리 뒤에 0이 있는 것으로 생각해요.

10
```
    8 . 3 2
  - 5 . 7 9
  ───────────
```

정답 9쪽

⑪ 0.2＋0.6＝

⑫ 5.5＋3.7＝

⑬ 1.58＋0.35＝

⑭ 4.71＋3.9＝

⑮ 9.46＋2.87＝

⑯ 0.5－0.1＝

⑰ 6.3－2.4＝

⑱ 0.74－0.08＝

⑲ 2.06－1.53＝

⑳ 7.11－4.27＝

8일 단위를 바꾸어 소수로 나타내기

이것만 알자

길이를 소수로 나타내기 ➡ 1 cm = 0.01 m
무게를 소수로 나타내기 ➡ 1 g = 0.001 kg
들이를 소수로 나타내기 ➡ 1 mL = 0.001 L

예 여민이의 키는 152 cm입니다. 여민이의 키는 몇 m인지 소수로 나타내어 보세요.

---

152 cm는 1 cm가 152개이고 1 cm = 0.01 m이므로
152 cm는 0.01 m가 152개인 것과 같습니다.
따라서 여민이의 키는 1.52 m입니다.

1 m는 0.001 km로 나타낼 수 있어요.

답 ___1.52 m___

1 하율이가 가방이 얼마나 무거운지 알아보기 위해 무게를 재어 보니 1460 g이었습니다. 하율이의 가방은 몇 kg인지 소수로 나타내어 보세요.

(kg)

2 한별이는 오늘 물을 950 mL 마셨습니다. 한별이가 오늘 마신 물은 몇 L인지 소수로 나타내어 보세요.

(L)

정답 9쪽

왼쪽 ❶, ❷번과 같이 문제의 핵심 부분에 색칠하고, 문제를 풀어 보세요.

③ 도서관에서 마트까지의 거리는 1185 m입니다. 도서관에서 마트까지의 거리는 몇 km인지 소수로 나타내어 보세요.

(   )

④ 카페에서 주스를 한 컵에 473 mL씩 담아 팔고 있습니다. 카페에서 파는 주스 한 컵은 몇 L인지 소수로 나타내어 보세요.

(   )

⑤ 체험 학습에서 지윤이가 고구마를 2384 g 캤습니다. 지윤이가 캔 고구마는 몇 kg인지 소수로 나타내어 보세요.

(   )

⑥ 재정이의 높이뛰기 기록은 105 cm입니다. 재정이의 높이뛰기 기록은 몇 m인지 소수로 나타내어 보세요.

(   )

더 많은(적은) 것 구하기

더 많은 것은? ➡ 높은 자리의 수가 더 큰 수 찾기
더 적은 것은? ➡ 높은 자리의 수가 더 작은 수 찾기

예 딸기를 형주는 0.78 kg 땄고, 선호는 0.762 kg 땄습니다.
형주와 선호 중에서 딸기를 더 많이 딴 사람은 누구일까요?

- -

소수 둘째 자리 수를 비교하면 8>6이므로 0.78>0.762입니다.
따라서 딸기를 더 많이 딴 사람은 형주입니다.

답   형주

1 이지는 부모님과 함께 담벼락에 페인트를 칠했습니다. 파란색 페인트는 1.45 L
사용했고, 흰색 페인트는 1.85 L 사용했다면 파란색 페인트와 흰색 페인트 중에서
더 많이 사용한 페인트는 무슨 색 페인트일까요?

(   )

2 다현이네 집에서 학교까지의 거리는 1.13 km이고, 공원까지의 거리는
1.09 km입니다. 학교와 공원 중에서 다현이네 집에서 더 가까운 곳은 어디일까요?

(   )

정답 10쪽

왼쪽 ❶, ❷번과 같이 문제의 핵심 부분에 색칠하고,
비교해야 하는 두 수에 밑줄을 그어 문제를 풀어 보세요.

3 해인이의 키는 1.48 m이고, 우석이의 키는 1.46 m입니다. 해인이와 우석이 중에서 키가 더 큰 사람은 누구일까요?

(   )

4 100 m를 달리는 데 나희는 17.39초 걸렸고, 유나는 17.55초 걸렸습니다. 나희와 유나 중에서 100 m를 달리는 데 더 오래 걸린 사람은 누구일까요?

(   )

5 찬우는 오늘 우유를 0.725 L 마셨고, 물을 1.012 L 마셨습니다. 우유와 물 중에서 더 많이 마신 것은 무엇일까요?

(   )

6 1 km를 가는 데 휘발유를 가 자동차는 12.192 L 사용하고, 나 자동차는 12.19 L 사용합니다. 가 자동차와 나 자동차 중에서 1 km를 가는 데 휘발유를 더 적게 사용하는 자동차는 어느 자동차일까요?

(   )

9일 모두 몇인지 구하기

이것만 알자   모두 몇 개 ➡ 두 수를 더하기

예 해준이는 물 0.45 L에 꿀 0.06 L를 섞어서 꿀물을 만들었습니다.
꿀물을 만드는 데 사용한 물과 꿀은 모두 몇 L일까요?

- -

(꿀물을 만드는 데 사용한 물과 꿀의 양)

= (사용한 물의 양) + (사용한 꿀의 양)

식   0.45 + 0.06 = 0.51   답   0.51 L

---

1 배 2.3 kg과 사과 1.2 kg을 봉지에 담았습니다. 봉지에 담은 배와 사과의 무게는
모두 몇 kg일까요?

식   2.3 + 1.2 = ☐   답   ☐ kg

배의 무게 ●━━━━━┘   ┗━━● 사과의 무게

2 재현이는 빨간색 리본을 1.74 m 가지고 있고, 파란색 리본을 1.14 m 가지고
있습니다. 재현이가 가지고 있는 리본은 모두 몇 m일까요?

식   ☐ + ☐ = ☐   답   ☐ m

왼쪽 **1**, **2**번과 같이 문제의 핵심 부분에 색칠하고,
계산해야 하는 두 수에 밑줄을 그어 문제를 풀어 보세요.

정답 10쪽

3 주성이는 0.6시간 동안 위인전을 읽었고, 0.5시간 동안
소설책을 읽었습니다. 주성이가 위인전과 소설책을 읽은 시간은
모두 몇 시간일까요?

식 _____

답 _____

4 윤주는 자전거를 타고 아침에 3.9 km, 저녁에 4.7 km를 달렸습니다. 윤주가
자전거를 타고 아침과 저녁에 달린 거리는 모두 몇 km일까요?

식 _____   답 _____

5 체험 학습에서 당근을 미라는 2.81 kg 캤고, 주민이는 1.56 kg 캤습니다.
미라와 주민이가 캔 당근은 모두 몇 kg일까요?

식 _____   답 _____

6 윤희는 사과 주스를 어제는 0.275 L 마셨고, 오늘은 0.34 L 마셨습니다.
윤희가 어제와 오늘 마신 사과 주스는 모두 몇 L일까요?

식 _____   답 _____

더 많은 수 구하기

■보다 ● 더 많이 → ■＋●

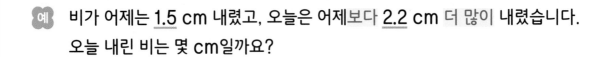

예 비가 어제는 1.5 cm 내렸고, 오늘은 어제보다 2.2 cm 더 많이 내렸습니다.
오늘 내린 비는 몇 cm일까요?

- -

(오늘 내린 비의 양)
= (어제 내린 비의 양) ＋ 2.2

식   1.5 ＋ 2.2 ＝ 3.7

답   3.7 cm

더 긴, 더 오래……도
덧셈식을 이용해요.

---

1 우유를 혜진이는 0.31 L 마셨고, 민희는 혜진이보다 0.14 L 더 많이 마셨습니다.
민희가 마신 우유는 몇 L일까요?

식   0.31 ＋ 0.14 ＝ ☐   답   ☐ L
  └ 혜진이가 마신 우유의 양

---

2 노란색 테이프의 길이는 4.6 m이고 검은색 테이프는 노란색 테이프보다 0.9 m
더 깁니다. 검은색 테이프의 길이는 몇 m일까요?

식   ☐ ＋ ☐ ＝ ☐   답   ☐ m

정답 11쪽

왼쪽 ❶, ❷번과 같이 문제의 핵심 부분에 색칠하고,
계산해야 하는 두 수에 밑줄을 그어 문제를 풀어 보세요.

3 정원이네 가족은 자동차를 타고 동물원에 다녀왔습니다. 동물원으로 갈 때는
1.8시간 걸렸고, 집으로 돌아올 때는 갈 때보다 0.3시간 더 오래 걸렸다면 집으로
돌아올 때 걸린 시간은 몇 시간일까요?

식 _____   답 _____

4 동욱이는 어제 3.7 km를 걸었고, 오늘은 어제보다 1.86 km 더 많이 걸었습니다.
동욱이가 오늘 걸은 거리는 몇 km일까요?

식 _____   답 _____

5 수영이네 어머니는 시장에서 상추를 0.75 kg 샀고, 삼겹살은 상추보다 0.94 kg
더 많이 샀습니다. 수영이네 어머니가 산 삼겹살은 몇 kg일까요?

식 _____   답 _____

6 규선이와 다미는 탄산수 만들기 실험을 했습니다.
탄산수를 규선이는 0.68 L 만들었고, 다미는
규선이보다 0.35 L 더 많이 만들었습니다. 다미가 만든
탄산수는 몇 L일까요?

식 _____

답 _____

10일 남은 수 구하기

~하고 남은 것은 몇 개
➡ (처음에 있던 수) − (없어진 수)

예 경은이는 양동이에 있던 물 2.8 L 중에서 나무에 물을 주는 데 1.1 L를 사용했습니다. 나무에 물을 주고 양동이에 남은 물은 몇 L일까요?

(양동이에 남은 물의 양)

  = (처음 있던 물의 양) − (나무에 주는 데 사용한 물의 양)

식   2.8 − 1.1 = 1.7   답   1.7 L

---

1 지은이가 길이가 25.5 cm인 수수깡을 잘라 만들기를 하는 데 16.9 cm를 사용했습니다. 지은이가 만들기를 하는 데 사용하고 남은 수수깡의 길이는 몇 cm일까요?

식   25.5 − 16.9 = ☐   답   ☐ cm

처음 수수깡의 길이 ●┘   └● 사용한 수수깡의 길이

2 건욱이는 체리를 2 kg 따서 1.53 kg을 바구니에 담고 남은 체리는 동생에게 주려고 합니다. 건욱이가 바구니에 담고 남은 체리는 몇 kg일까요?

식   ☐ − ☐ = ☐   답   ☐ kg

왼쪽 ❶, ❷번과 같이 문제의 핵심 부분에 색칠하고,
계산해야 하는 두 수에 밑줄을 그어 문제를 풀어 보세요.

정답 11쪽

❸ 이현이는 가지고 있던 리본 5.6 m 중에서 2.4 m를 잘라 동생에게 주었습니다.
동생에게 주고 남은 리본은 몇 m일까요?

식 _____ 답 _____

❹ 준호네 집에서 삼촌 댁까지의 거리는 1.63 km입니다. 준호가 집에서 출발하여
1.05 km 갔다면 삼촌 댁까지 남은 거리는 몇 km일까요?

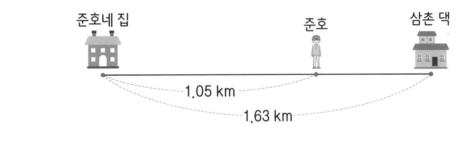

식 _____ 답 _____

●도자기의 재료가 되는
흙의 한 종류

❺ 현준이는 도자기 공방에서 꽃병을 만들고 있습니다. 백자토
4.2 kg 중에서 꽃병을 만드는 데 1.97 kg을 사용했다면
꽃병을 만들고 남은 백자토는 몇 kg일까요?

식 _____

답 _____

■는 ● 보다 몇 개 더 많은가? → ■ − ●

예 점심 때 밥을 유라는 0.13 kg 먹었고, 오빠는 0.15 kg 먹었습니다. 오빠는 유라보다 밥을 몇 kg 더 많이 먹었을까요?

오빠는 유라보다 밥을 몇 kg 더 많이 먹었는지 물었으므로 오빠가 먹은 밥의 무게에서 유라가 먹은 밥의 무게를 빼야 합니다.

식   0.15 − 0.13 = 0.02

답   0.02 kg

얼마나 더 멀리, 얼마나 더 긴······도 뺄셈식을 이용해요.

---

1 형우와 명현이가 종이비행기를 날리고 있습니다. 형우의 종이비행기는 3.7 m를 날아갔고, 명현이의 종이비행기는 3.1 m를 날아갔습니다. 형우의 종이비행기는 명현이의 종이비행기보다 몇 m 더 멀리 날아갔을까요?

식   3.7 − 3.1 = ☐   답 ☐ m

형우의 종이비행기가 날아간 거리   명현이의 종이비행기가 날아간 거리

---

2 물이 물병에 0.61 L 들어 있고, 주전자에 2.3 L 들어 있습니다. 주전자에는 물병보다 물이 몇 L 더 많이 들어 있을까요?

식   ☐ − ☐ = ☐   답 ☐ L

정답 12쪽

왼쪽 ❶, ❷번과 같이 문제의 핵심 부분에 색칠하고, 계산해야 하는 두 수에 밑줄을 그어 문제를 풀어 보세요.

3 영화관에서 상영하는 가 영화의 상영 시간은 1.75시간이고, 나 영화의 상영 시간은 1.5시간입니다. 가 영화는 나 영화보다 상영 시간이 몇 시간 더 길까요?

식 _____   답 _____

4 주차장에 길이가 4.91 m인 승용차와 길이가 5.15 m인 승합차가 있습니다. 승합차는 승용차보다 길이가 몇 m 더 길까요?

식 _____   답 _____

5 소정이와 혜담이는 바구니에 사과를 담았습니다. 사과를 소정이는 1.82 kg 담았고, 혜담이는 1.66 kg 담았다면 소정이는 혜담이보다 몇 kg 더 많이 담았을까요?

식 _____   답 _____

6 진영이와 현욱이는 멀리뛰기를 했습니다. 진영이는 1.49 m를 뛰었고, 현욱이는 1.7 m를 뛰었다면 현욱이는 진영이보다 몇 m 더 멀리 뛰었을까요?

식 _____

답 _____

11일 마무리하기

44쪽

1 어느 건물의 높이는 555 m입니다. 이 건물의 높이는 몇 km인지 소수로 나타내어 보세요.

(   )

48쪽

3 하은이는 지하철을 0.8시간 탔고, 버스를 0.35시간 탔습니다. 하은이가 지하철과 버스를 탄 시간은 모두 몇 시간일까요?

(   )

46쪽

2 백설이의 휴대전화의 무게는 0.206 g이고, 우주의 휴대전화의 무게는 0.187 g입니다. 백설이와 우주 중에서 휴대전화의 무게가 더 무거운 사람은 누구일까요?

(   )

50쪽

4 눈이 어제는 2.9 cm 내렸고, 오늘은 어제보다 0.3 cm 더 많이 내렸습니다. 오늘 내린 눈은 몇 cm일까요?

(   )

정답 12쪽

50쪽

5 진웅이네 집에는 들기름이 0.79 L 있고, 참기름은 들기름보다 0.48 L 더 많이 있습니다. 진웅이네 집에 있는 참기름은 몇 L일까요?

(   )

54쪽

7 동하네 동네의 최고 기온이 어제는 26.9 ℃였고, 오늘은 28.3 ℃였습니다. 오늘은 어제보다 최고 기온이 몇 ℃ 더 높을까요?

(   )

8 44쪽 54쪽 **도전 문제**

다연이의 책가방 무게는 4050 g이고, 윤미의 책가방 무게는 4.13 kg입니다. 다연이와 윤미 중에서 누구의 책가방이 몇 kg 더 무거울까요?

❶ 다연이의 책가방 무게는 몇 kg인지 소수로 나타내기

➜ (   )

52쪽

6 영미는 냉장고에 있던 보리차 1.05 L 중에서 0.27 L를 마셨습니다. 영미가 마시고 남은 보리차는 몇 L일까요?

(   )

❷ 다연이와 윤미 중에서 책가방 무게가 더 무거운 사람

➜ (   )

❸ 다연이와 윤미의 책가방 무게의 차

➜ (   )

4 사각형

준비
기본 문제로
문장제 준비하기

12일차
✦ 수직인 변, 평행한 변 찾기

✦ 평행선 사이의 거리 구하기

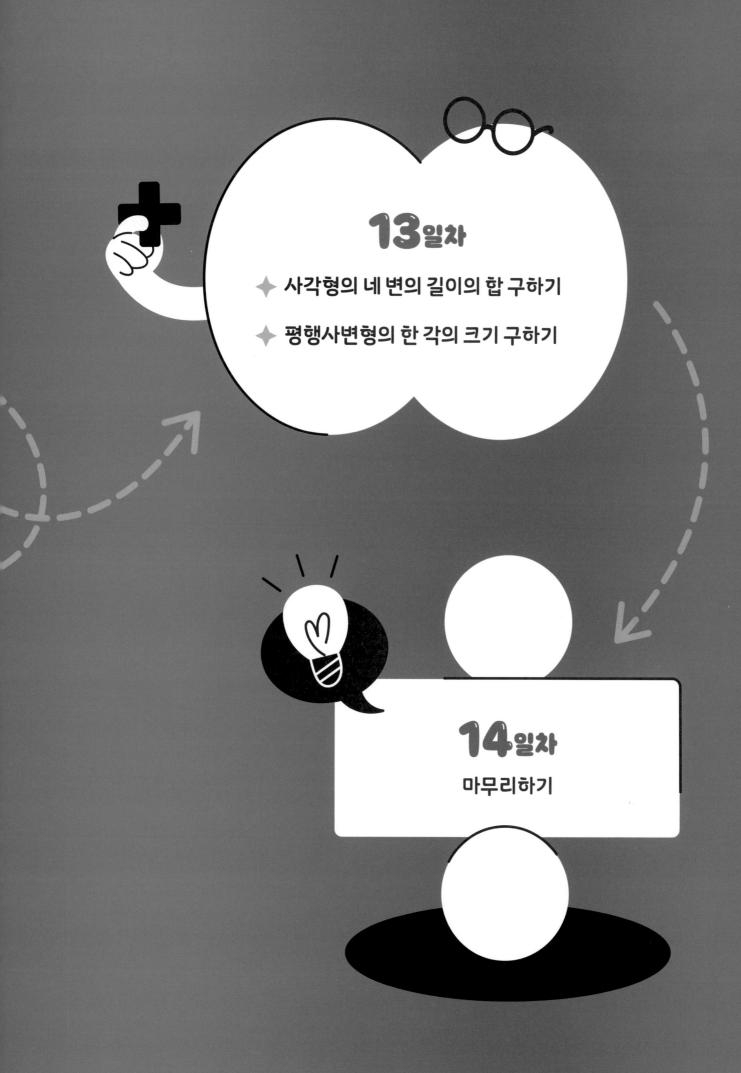

1 직선 가에 수직인 직선은 어느 것일까요?

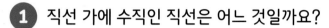
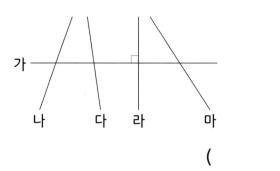

(   )

2 서로 평행한 직선을 찾아 ☐ 안에 알맞게 써넣으세요.

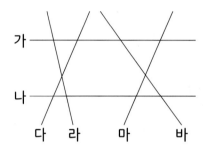

직선 가와 직선 ☐ , 직선 마와 직선 ☐

3 평행선 사이의 거리는 몇 cm인지 재어 보세요.

(1)   (2)

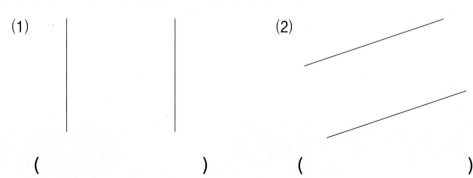

(   )   (   )

정답 13쪽

4 사다리꼴을 모두 찾아 써 보세요.

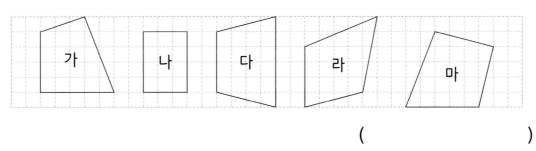

( )

5 평행사변형을 모두 찾아 써 보세요.

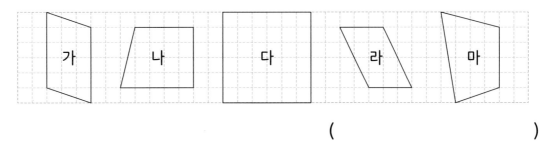

( )

6 마름모를 모두 찾아 써 보세요.

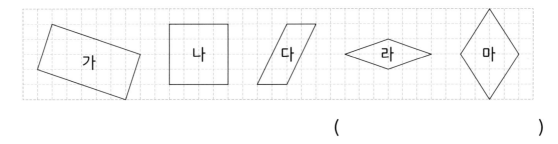

( )

7 직사각형과 정사각형을 보고 ☐ 안에 알맞은 수를 써넣으세요.

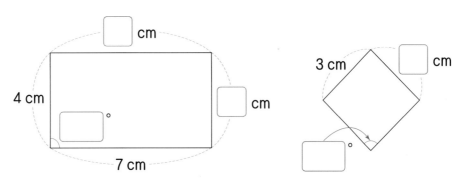

12일 수직인 변, 평행한 변 찾기

이것만 알자

수직인 변은? ➡ 주어진 변과 직각으로 만나는 변
평행한 변은? ➡ 양쪽으로 끝없이 늘려도
　　　　　　　　주어진 변과 만나지 않는 변

예 직사각형에서 변 ㄱㄴ과 평행한 변을 찾아 써 보세요.

변 ㄱㄴ과 변 ㄹㄷ은 변 ㄱㄹ에 각각 수직이므로
변 ㄱㄴ과 평행한 변은 변 ㄹㄷ입니다.

답　변 ㄹㄷ

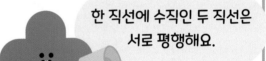

한 직선에 수직인 두 직선은
서로 평행해요.

1 직사각형에서 변 ㅁㅇ과 수직인 변을 모두 찾아 써 보세요.

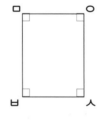

(　　　　　　　　　　　　)

2 정사각형에서 변 ㅊㅋ과 평행한 변을 찾아 써 보세요.

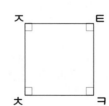

(　　　　　　　　　　　　)

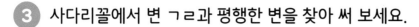

왼쪽 ❶, ❷번과 같이 문제의 핵심 부분에 색칠하고,
문제를 풀어 보세요.

3 사다리꼴에서 변 ㄱㄹ과 평행한 변을 찾아 써 보세요.

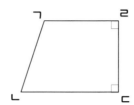

(   )

4 사각형에서 변 ㅁㅂ과 수직인 변을 찾아 써 보세요.

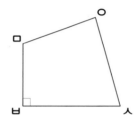

(   )

5 직사각형에서 직선 가와 평행한 변을 모두 찾아 써 보세요.

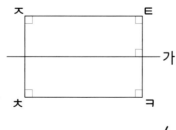

(   )

평행선 사이의 거리 구하기

이것만 알자 **평행선 사이의 거리는?**
→ **평행선 사이의 선분 중 평행선에 수직인 선분의 길이**

예 도형에서 평행선 사이의 거리는 몇 cm일까요?

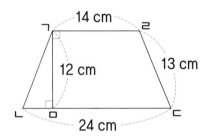

변 ㄱㄹ과 변 ㄴㄷ이 서로 평행하므로

두 변 사이에 수직인 선분은 선분 ㄱㅁ입니다.

⇨ (평행선 사이의 거리) = (선분 ㄱㅁ)

　　　　　　　　　　 = 12 cm

평행한 두 직선을
평행선이라고 해요.

답　　12 cm

① 도형에서 평행선 사이의 거리는 몇 cm일까요?

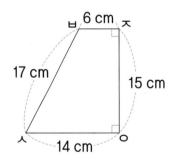

(　　　　　　　　　cm)

왼쪽 ① 번과 같이 문제의 핵심 부분에 색칠하고,
문제를 풀어 보세요.

2 도형에서 평행선 사이의 거리는 몇 cm일까요?

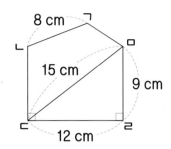

(   )

3 도형에서 평행선 사이의 거리는 몇 cm일까요?

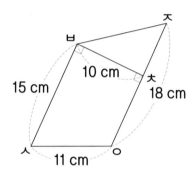

(   )

4 도형에서 평행선 사이의 거리는 몇 cm일까요?

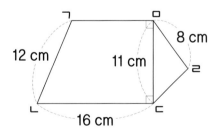

(   )

13일 사각형의 네 변의 길이의 합 구하기

이것만 알자

직사각형(평행사변형)의 네 변의 길이의 합은?
➡ **이웃한 두 변의 길이를 각각 2번씩 더하기**
정사각형(마름모)의 네 변의 길이의 합은?
➡ **한 변의 길이를 4번 더하기**

예 평행사변형의 네 변의 길이의 합은 몇 cm일까요?

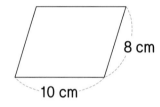

평행사변형은 마주 보는 두 변의 길이가 같으므로
10 cm인 변이 2개, 8 cm인 변이 2개입니다.
따라서 평행사변형의 네 변의 길이의 합은
10 cm와 8 cm를 각각 2번씩 더합니다.

식   10 + 8 + 10 + 8 = 36   답   36 cm

---

1 정사각형의 네 변의 길이의 합은 몇 cm일까요?

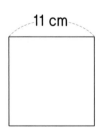

식   11 + 11 + 11 + 11 = ☐   답 ☐ cm

왼쪽 **1**번과 같이 문제의 핵심 부분에 색칠하고,
문제를 풀어 보세요.

2 마름모의 네 변의 길이의 합은 몇 cm일까요?

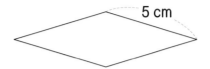

5 cm

식 _____   답 _____

3 평행사변형의 네 변의 길이의 합은 몇 cm일까요?

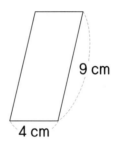

9 cm

4 cm

식 _____   답 _____

4 직사각형의 네 변의 길이의 합은 몇 cm일까요?

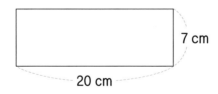

7 cm

20 cm

식 _____   답 _____

평행사변형의 한 각의 크기 구하기

이것만 알자

평행사변형의 한 각의 크기는?
→ 180° − (구하려는 각과 이웃한 각의 크기)

예 사각형 ㄱㄴㄷㄹ은 평행사변형입니다. 각 ㄱㄴㄷ의 크기를 구해 보세요.

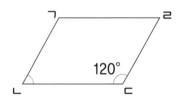

평행사변형은 마주 보는 두 각의 크기가 같으므로

이웃한 두 각의 크기의 합이 180°입니다.

(각 ㄱㄴㄷ) + (각 ㄴㄷㄹ) = 180°이므로

(각 ㄱㄴㄷ) = 180° − (각 ㄴㄷㄹ) = 180° − 120° = 60°입니다.

식   180° − 120° = 60°   답   60°

---

1 사각형 ㅁㅂㅅㅇ은 평행사변형입니다. 각 ㅁㅇㅅ의 크기를 구해 보세요.

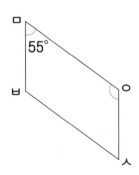

식   180° − 55° = ☐ °   답   ☐ °

정답 15쪽

왼쪽 ❶번과 같이 문제의 핵심 부분에 색칠하고,
문제를 풀어 보세요.

2 사각형 ㄱㄴㄷㄹ은 평행사변형입니다. 각 ㄱㄴㄷ의 크기를 구해 보세요.

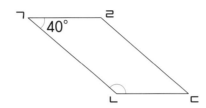

식 _____   답 _____

3 사각형 ㅁㅂㅅㅇ은 평행사변형입니다. 각 ㅅㅇㅁ의 크기를 구해 보세요.

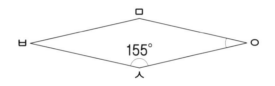

식 _____   답 _____

4 사각형 ㅈㅊㅋㅌ은 평행사변형입니다. 각 ㅈㅌㅋ의 크기를 구해 보세요.

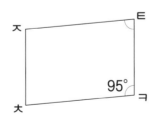

식 _____   답 _____

14일 마무리하기

62쪽

1 사다리꼴에서 변 ㄹㄷ과 평행한 변을 찾아 써 보세요.

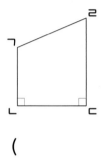

(　　　　　　)

64쪽

3 도형에서 평행선 사이의 거리는 몇 cm일까요?

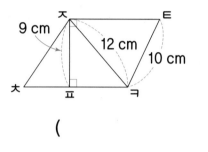

(　　　　　　)

62쪽

2 정사각형에서 직선 가와 수직인 변을 모두 찾아 써 보세요.

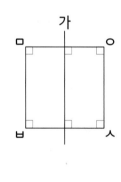

(　　　　　　)

64쪽

4 도형에서 평행선 사이의 거리는 몇 cm일까요?

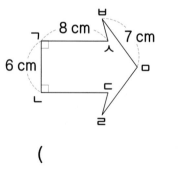

(　　　　　　)

정답 15쪽

66쪽

5 정사각형의 네 변의 길이의 합은 몇 cm일까요?

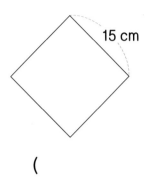

15 cm

(   )

66쪽

6 직사각형의 네 변의 길이의 합은 몇 cm일까요?

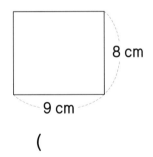

8 cm

9 cm

(   )

68쪽

7 사각형 ㄱㄴㄷㄹ은 평행사변형입니다. 각 ㄱㄹㄷ의 크기를 구해 보세요.

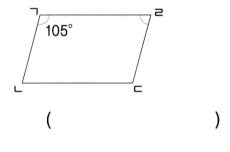

105°

(   )

8 68쪽   도전 문제

사각형 ㅁㅂㅅㅇ은 평행사변형입니다. 각 ㅁㅂㅇ의 크기를 구해 보세요.

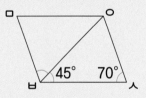

45°   70°

❶ 각 ㅁㅂㅅ의 크기

→ (   )

❷ 각 ㅁㅂㅇ의 크기

→ (   )

5 꺾은선그래프

준비

기본 문제로
문장제 준비하기

15일차

✦ 눈금 한 칸의 크기 구하기

✦ 가장 큰 자룻값 구하기

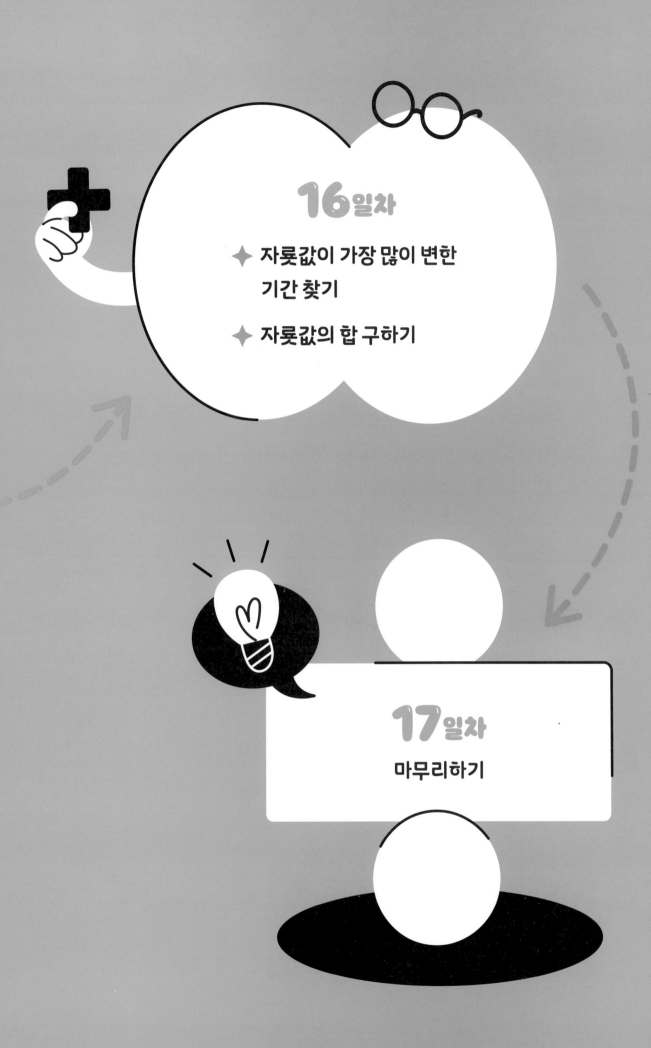

16일차

✦ 자룟값이 가장 많이 변한
   기간 찾기

✦ 자룟값의 합 구하기

17일차

마무리하기

◆ 어느 날 수아네 동네의 기온을 2시간마다 조사하여 나타낸 그래프입니다.
물음에 답하세요.

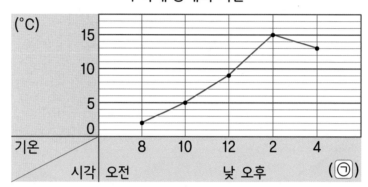

1 위와 같이 연속적으로 변화하는 양을 점으로 표시하고, 그 점들을 선분으로
이어 그린 그래프를 무엇이라고 할까요?

(   )

2 가로와 세로는 각각 무엇을 나타낼까요?

가로 (   ), 세로 (   )

3 꺾은선은 무엇의 변화를 나타낼까요?

(   )

4 그래프에서 ㉠에 알맞은 단위는 무엇일까요?

(   )

정답 16쪽

5 어느 마을의 신생아 수를 연도별로 조사하여 나타낸 표입니다. 표를 보고 꺾은선그래프로 나타내어 보세요.

연도별 신생아 수

연도(년)	2018	2019	2020	2021	2022
신생아 수(명)	12	11	8	3	4

연도별 신생아 수

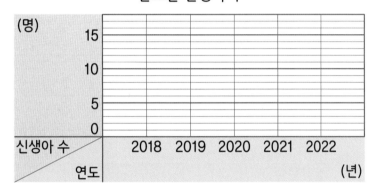

6 유찬이가 월별로 읽은 책의 수를 조사한 것입니다. 조사한 자료를 보고 표와 꺾은선그래프로 각각 나타내어 보세요.

〈읽은 책의 수〉

3월: 28권
4월: 25권
5월: 23권
6월: 22권
7월: 30권
8월: 32권

월별 읽은 책의 수

월(월)	3	4	5	6	7	8
책의 수 (권)						

월별 읽은 책의 수

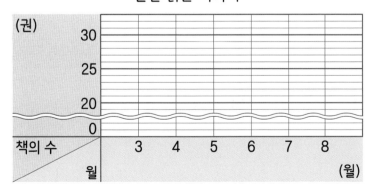

15일 눈금 한 칸의 크기 구하기

눈금 5칸이 10을 나타낼 때 눈금 한 칸의 크기는?
➡ 10÷5

예 어느 공장의 월별 불량품 수를 조사하여 나타낸 꺾은선그래프입니다.
세로 눈금 한 칸은 몇 개를 나타낼까요?

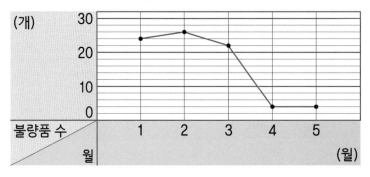

월별 불량품 수

세로 눈금 5칸이 10개를 나타내므로
세로 눈금 한 칸은 10 ÷ 5 = 2(개)를 나타냅니다.

답 　2개

1 어느 가게의 아이스크림 판매량을 요일별로 조사하여 나타낸 꺾은선그래프입니다.
세로 눈금 한 칸은 몇 개를 나타낼까요?

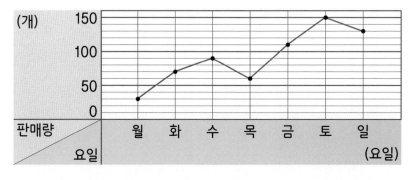

요일별 아이스크림 판매량

(　　　　개)

정답 16쪽

왼쪽 ①번과 같이 문제의 핵심 부분에 색칠하고, 문제를 풀어 보세요.

2 어느 농장의 연도별 딸기 수확량을 조사하여 나타낸 꺾은선그래프입니다. 세로 눈금 한 칸은 몇 kg을 나타낼까요?

연도별 딸기 수확량

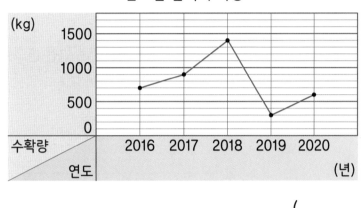

(   )

3 승찬이의 키를 1학년부터 4학년까지 매년 3월에 조사하여 나타낸 꺾은선그래프입니다. 세로 눈금 한 칸은 몇 cm를 나타낼까요?

승찬이의 키

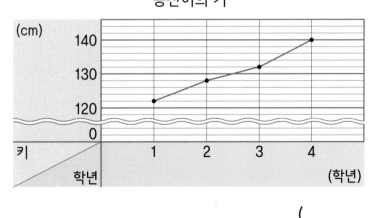

(   )

가장 큰 자룻값 구하기

자룻값이 가장 클 때는?
→ 점이 가장 높게 찍힌 곳 찾기

예 어느 꽃집의 날짜별 손님 수를 조사하여 나타낸 꺾은선그래프입니다.
손님 수가 가장 많은 날의 손님 수는 몇 명일까요?

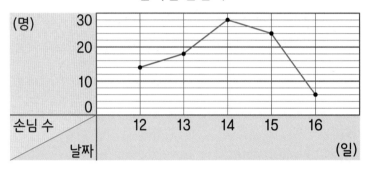

날짜별 손님 수

점이 가장 높게 찍힌 날은 14일이므로
14일에 점이 찍힌 곳의 세로 눈금을
읽으면 28명입니다.

자룻값이 가장 작을
때를 찾으려면 점이 가장 낮게
찍힌 곳을 찾아요.

답 ___28명___

1 창민이가 강아지의 무게를 매월 1일에 조사하여 나타낸 꺾은선그래프입니다.
강아지의 무게가 가장 무거운 달의 강아지의 무게는 몇 kg까요?

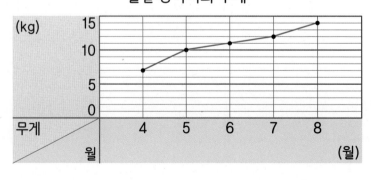

월별 강아지의 무게

(kg)

정답 17쪽

**왼쪽 ❶번과 같이 문제의 핵심 부분에 색칠하고,
문제를 풀어 보세요.**

2 성호의 줄넘기 기록을 조사하여 나타낸 꺾은선그래프입니다. 줄넘기 기록이 가장 낮은 날의 줄넘기 기록은 몇 번일까요?

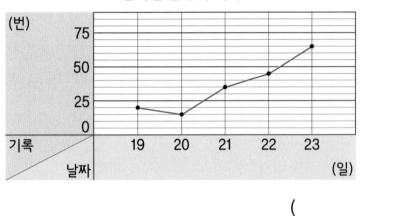

날짜별 줄넘기 기록

(   )

3 은별이의 월별 수학 시험 점수를 조사하여 나타낸 꺾은선그래프입니다. 수학 시험 점수가 가장 높은 달의 수학 시험 점수는 몇 점일까요?

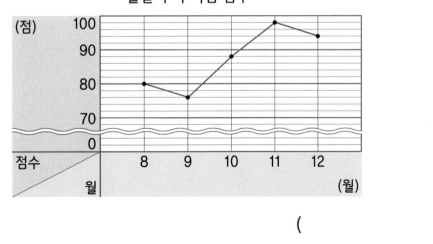

월별 수학 시험 점수

(   )

16일 자룻값이 가장 많이 변한 기간 찾기

가장 많이 늘어난
→ 꺾은선이 오른쪽 위로 가장 많이 기울어진 구간 찾기

예 주희네 동네의 월별 눈 온 날수를 조사하여 나타낸 꺾은선그래프입니다.

눈 온 날수가 전월에 비해 가장 많이 늘어난 달은 몇 월일까요?

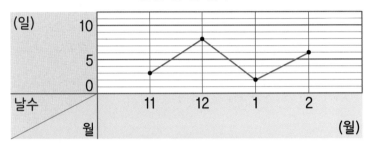

월별 눈 온 날수

꺾은선이 오른쪽 위로 가장 많이 기울어진 때는
11월과 12월 사이이므로 눈 온 날수가 전월에
비해 가장 많이 늘어난 달은 12월입니다.

가장 많이 줄어든 기간은
꺾은선이 오른쪽 아래로 가장
많이 기울어진 구간이야.

답　　12월

① 2일마다 강낭콩 싹의 키를 조사하여 나타낸 꺾은선그래프입니다. 강낭콩 싹의 키가
2일 전에 비해 가장 많이 자란 날은 며칠일까요?

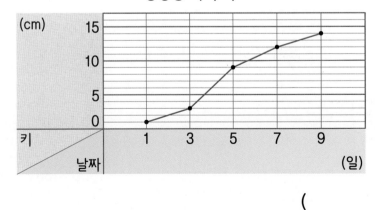

강낭콩 싹의 키

(　　　　　　일)

정답 17쪽

왼쪽 **①**번과 같이 문제의 핵심 부분에 색칠하고,
문제를 풀어 보세요.

2 어느 회사 제품에 대한 소비자 불만 건수를 월별로 조사하여 나타낸 꺾은선그래프
입니다. 소비자 불만 건수가 전월에 비해 가장 많이 줄어든 달은 몇 월일까요?

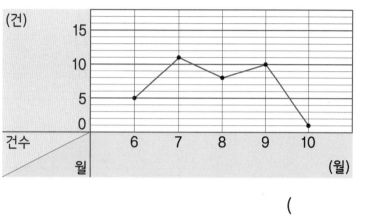

월별 소비자 불만 건수

(   )

3 어느 날 한강의 수온을 2시간마다 조사하여 나타낸 꺾은선그래프입니다. 한강의
수온이 2시간 전에 비해 가장 많이 높아진 시각은 몇 시일까요?

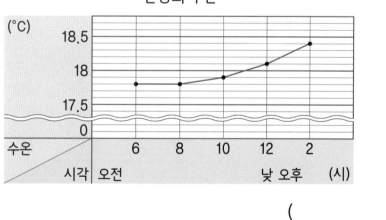

한강의 수온

(   )

자룻값의 합 구하기

이것만 알자 모두 몇 개인가? ➡ 각 점의 자룻값을 모두 더하기

예 어느 과수원의 연도별 배 수확량을 조사하여 나타낸 꺾은선그래프입니다.
조사한 기간 동안 수확한 배는 모두 몇 kg일까요?

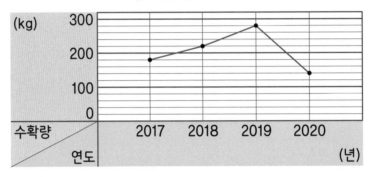

연도별 배 수확량

각 점이 찍힌 곳의 세로 눈금을 읽어 보면 2017년: 180 kg, 2018년: 220 kg,
2019년: 280 kg, 2020년: 140 kg입니다.

➡ (조사한 기간 동안 수확한 배의 무게) = 180 + 220 + 280 + 140 = 820(kg)

답 820 kg

---

1 어느 가구점의 월별 식탁 판매량을 조사하여 나타낸 꺾은선그래프입니다.
조사한 기간 동안 판매한 식탁은 모두 몇 개일까요?

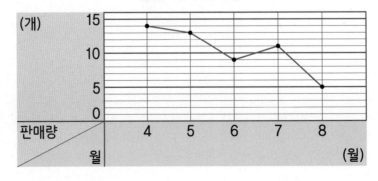

월별 식탁 판매량

(개)

정답 18쪽

왼쪽 **1** 번과 같이 문제의 핵심 부분에 색칠하고,
문제를 풀어 보세요.

2 윤성이의 턱걸이 횟수를 조사하여 나타낸 꺾은선그래프입니다. 조사한 기간 동안
윤성이가 턱걸이를 한 횟수는 모두 몇 번일까요?

요일별 턱걸이 횟수

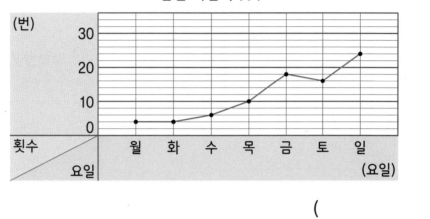

( )

3 유람이의 SNS 방문자 수를 조사하여 나타낸 꺾은선그래프입니다. 조사한 기간
동안 유람이의 SNS의 방문자 수는 모두 몇 명일까요?

유람이의 SNS 방문자 수

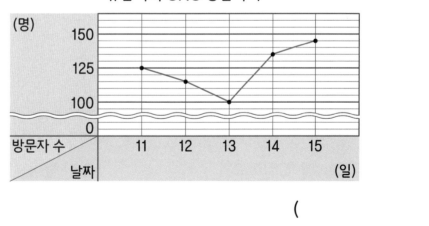

( )

17일 마무리하기

[①~②] 어느 날 운동장의 온도를 2시간마다 조사하여 나타낸 꺾은선그래프입니다. 물음에 답하세요.

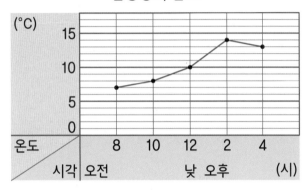

운동장의 온도

76쪽

① 세로 눈금 한 칸은 몇 °C를 나타낼까요?

(   )

78쪽

② 운동장의 온도가 가장 높은 시각의 운동장의 온도는 몇 °C일까요?

(   )

[③~④] 어느 자동차 공장의 자동차 생산량을 조사하여 나타낸 꺾은선그래프입니다. 물음에 답하세요.

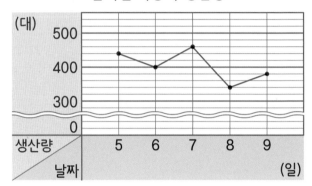

날짜별 자동차 생산량

78쪽

③ 자동차 생산량이 가장 낮은 날의 자동차 생산량은 몇 대일까요?

(   )

80쪽

④ 자동차 생산량이 전날에 비해 가장 많이 늘어난 날은 며칠일까요?

(   )

정답 18쪽

[5~6] 어느 지역의 날짜별 강수량을 조사하여 나타낸 꺾은선그래프입니다. 물음에 답하세요.

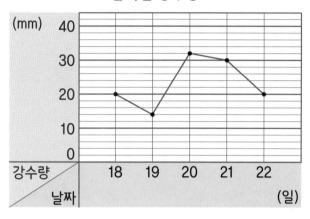

날짜별 강수량

80쪽

5 강수량이 전날에 비해 가장 많이 줄어든 날은 며칠일까요?

(   )

82쪽

6 조사한 기간 동안 이 지역의 강수량은 모두 몇 mm일까요?

(   )

[7~8] 어느 박물관의 월별 관람객 수를 조사하여 나타낸 꺾은선그래프입니다. 물음에 답하세요.

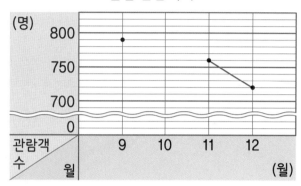

월별 관람객 수

76쪽

7 세로 눈금 한 칸은 몇 명을 나타낼까요?

(   )

8 78쪽 82쪽   **도전 문제**

조사한 기간 동안 관람객 수의 합이 3080명일 때 관람객 수가 가장 많은 달의 관람객 수는 몇 명일까요?

❶ 10월의 관람객 수

→ (   )

❷ 관람객 수가 가장 많은 달의 관람객 수

→ (   )

6 다각형

준비

기본 문제로
문장제 준비하기

18일차

✦ 다각형의 대각선의 수 구하기

✦ 정다각형의 모든 변의
길이의 합 구하기

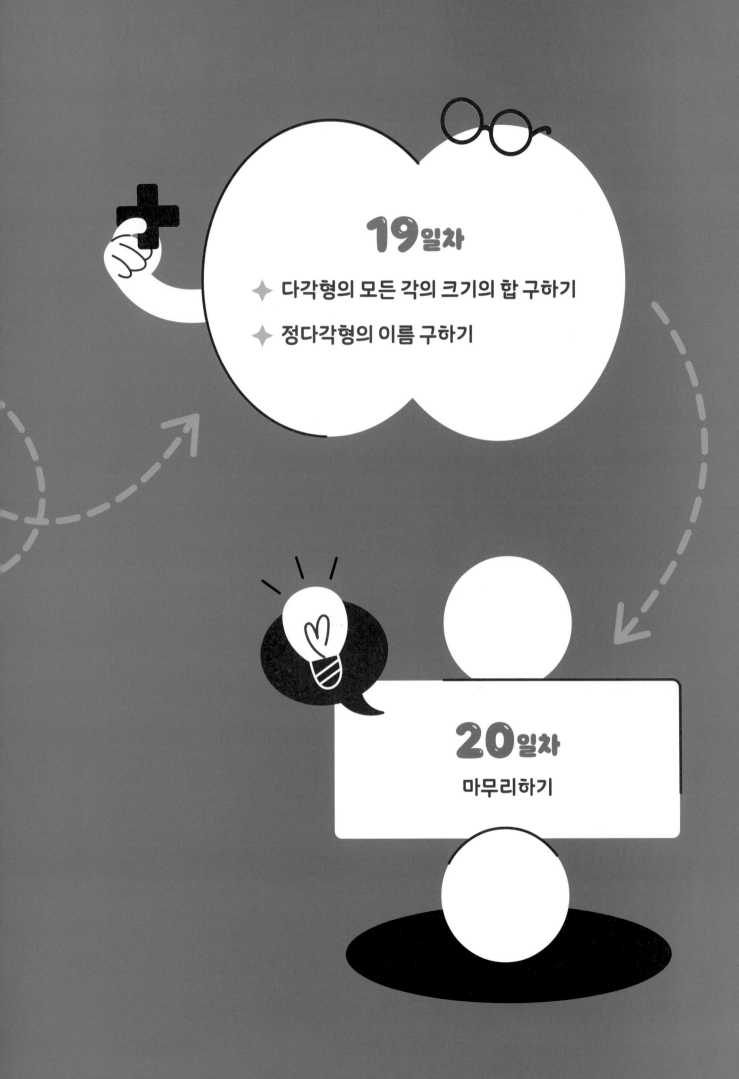

19일차

✦ 다각형의 모든 각의 크기의 합 구하기

✦ 정다각형의 이름 구하기

20일차

마무리하기

1 다각형을 모두 찾아 ○표 하세요.

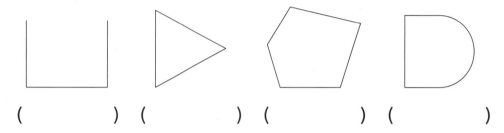

(   ) (   ) (   ) (   )

2 점 종이에 그려진 선분을 이용하여 다각형을 완성해 보세요.

(1) 오각형

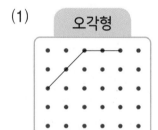

(2) 팔각형

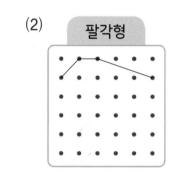

3 정다각형의 이름을 써 보세요.

(1)

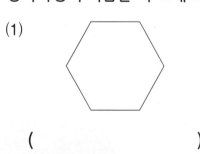

(   )

(2)

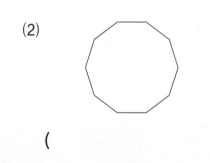

(   )

정답 19쪽

4 다음 도형은 정다각형입니다. ☐ 안에 알맞은 수를 써넣으세요.

(1)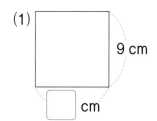

9 cm

☐ cm

(2)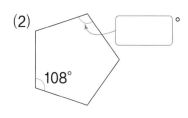

☐ °

108°

5 다각형에 대각선을 모두 그어 보세요.

(1)

(2)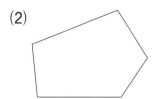

6 다음 모양을 만들려면  모양 조각은 몇 개 필요할까요?

(　　　　　　　　　)

7 왼쪽 모양 조각을 모두 사용하여 오른쪽 모양을 채워 보세요. (단, 같은 모양 조각을 여러 번 사용할 수 있습니다.)

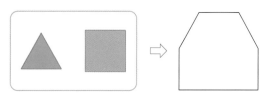

18일 다각형의 대각선의 수 구하기

다각형의 대각선의 수는?

➔ 한 꼭짓점에서 그을 수 있는 대각선의 수와
꼭짓점의 수의 곱을 2로 나눈 몫

예 칠각형의 대각선의 수를 구해 보세요.

칠각형의 한 꼭짓점에서 그을 수 있는 대각선의 수는 오른쪽 그림과 같이 4개이고, 칠각형의 꼭짓점의 수는 7개입니다. 따라서 칠각형의 대각선의 수는 4×7 = 28, 28 ÷ 2 = 14에서 14개입니다.

답   14개

---

1 사각형의 대각선의 수를 구해 보세요.

(개)

2 오각형의 대각선의 수를 구해 보세요.

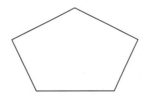

(개)

정답 19쪽

**왼쪽 ❶, ❷번과 같이 문제의 핵심 부분에 색칠하고,
문제를 풀어 보세요.**

3 육각형의 대각선의 수를 구해 보세요.

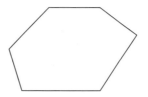

(   )

4 팔각형의 대각선의 수를 구해 보세요.

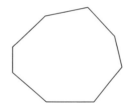

(   )

5 십각형의 대각선의 수를 구해 보세요.

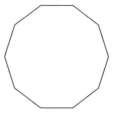

(   )

18일 정다각형의 모든 변의 길이의 합 구하기

(정다각형의 모든 변의 길이의 합)
=(한 변의 길이)×(변의 수)

예 집 주변에 한 변이 **5 m**인 정팔각형 모양의 울타리를
치려고 합니다. 울타리는 모두 몇 **m**일까요?

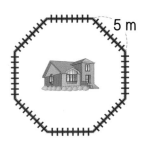

5 m

울타리는 한 변이 5m이고, 정팔각형 모양이므로 변이 8개입니다.

식 $5 \times 8 = 40$ 답 40 m

---

1 젖소 축사 주변에 한 변이 **10 m**인 정칠각형 모양의 울타리를
치려고 합니다. 울타리는 모두 몇 **m**일까요?

└● 소, 돼지 등을 기르는 건물

10 m

식 $10 \times 7 = \boxed{}$ 답 $\boxed{}$ m

---

2 세희는 한 변이 **4 m**인 정삼각형 모양의 꽃밭의 둘레를 따라
울타리를 치려고 합니다. 울타리는 모두 몇 **m**일까요?

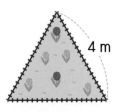

4 m

식 $\boxed{} \times \boxed{} = \boxed{}$ 답 $\boxed{}$ m

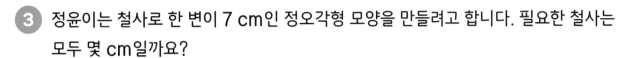

왼쪽 ①, ②번과 같이 문제의 핵심 부분에 색칠하고,
문제를 풀어 보세요.

③ 정윤이는 철사로 한 변이 7 cm인 정오각형 모양을 만들려고 합니다. 필요한 철사는
모두 몇 cm일까요?

7 cm

식 _____

답 _____

④ 태욱이는 한 변이 29 cm인 정사각형 모양의 액자의 테두리에 색 테이프를
붙이려고 합니다. 필요한 색 테이프는 모두 몇 cm일까요?

29 cm

식 _____

답 _____

⑤ 성원이네 농장에서는 한 변이 6 m인 정육각형 모양의 울타리를 치려고 합니다.
울타리는 모두 몇 m일까요?

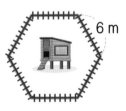

6 m

식 _____

답 _____

19일 다각형의 모든 각의 크기의 합 구하기

이것만 알자

다각형의 모든 각의 크기의 합은?

➡ **다각형을 삼각형 여러 개로 나누어 삼각형의 세 각의 크기의 합을 이용하기**

예 육각형의 모든 각의 크기의 합은 몇 도일까요?

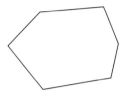

육각형은 삼각형 4개로 나눌 수 있으므로 육각형의 모든 각의 크기의 합은 삼각형의 세 각의 크기의 합의 4배와 같습니다.

식 $180° \times 4 = 720°$ 답   720°

---

1 오각형의 모든 각의 크기의 합은 몇 도일까요?

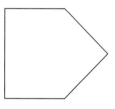

식 $180° \times 3 =$ ☐ °   답 ☐ °

2 팔각형의 모든 각의 크기의 합은 몇 도일까요?

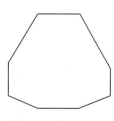

식 $180° \times$ ☐ $=$ ☐ °   답 ☐ °

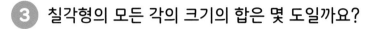

왼쪽 ❶, ❷번과 같이 문제의 핵심 부분에 색칠하고,
문제를 풀어 보세요.

정답 20쪽

3 칠각형의 모든 각의 크기의 합은 몇 도일까요?

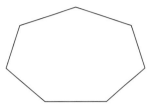

식 _____   답 _____

4 구각형의 모든 각의 크기의 합은 몇 도일까요?

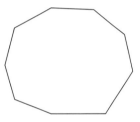

식 _____   답 _____

5 십각형의 모든 각의 크기의 합은 몇 도일까요?

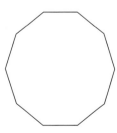

식 _____   답 _____

95

이것만 알자 ▶

정다각형의 이름은?
➔ 모든 변의 길이의 합을 한 변의 길이로 나누어
변의 수 구하기

예 한 변이 8 cm이고 모든 변의 길이의 합이 72 cm인 정다각형이 있습니다.
이 정다각형의 이름은 무엇일까요?

정다각형은 변의 길이가 모두 같으므로

변의 수는 72 ÷ 8 = 9(개)입니다.

따라서 변이 9개인 정다각형은 정구각형입니다.

답 정구각형

---

1 한 변이 11 cm이고 모든 변의 길이의 합이 66 cm인 정다각형이 있습니다.
이 정다각형의 이름은 무엇일까요?

(   )

2 한 변이 17 cm이고 모든 변의 길이의 합이 51 cm인 정다각형이 있습니다.
이 정다각형의 이름은 무엇일까요?

(   )

정답 21쪽

왼쪽 ❶, ❷번과 같이 문제의 핵심 부분에 색칠하고,
계산해야 하는 두 수에 밑줄을 그어 문제를 풀어 보세요.

3 한 변이 9 cm이고 모든 변의 길이의 합이 108 cm인 정다각형이 있습니다.
이 정다각형의 이름은 무엇일까요?

(   )

4 한 변이 4 m이고 모든 변의 길이의 합이 28 m인 정다각형이 있습니다.
이 정다각형의 이름은 무엇일까요?

(   )

5 한 변이 12 m이고 모든 변의 길이의 합이 60 m인 정다각형이 있습니다.
이 정다각형의 이름은 무엇일까요?

(   )

6 한 변이 15 cm이고 모든 변의 길이의 합이 120 cm인 정다각형이 있습니다.
이 정다각형의 이름은 무엇일까요?

(   )

20일　마무리하기

90쪽

1 마름모의 대각선의 수를 구해 보세요.

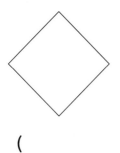

(　　　　　　　)

90쪽

2 구각형의 대각선의 수를 구해 보세요.

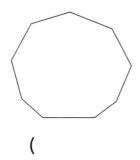

(　　　　　　　)

92쪽

3 집 주변에 한 변이 8 m인 정육각형 모양의 담을 쌓으려고 합니다. 담은 모두 몇 m일까요?

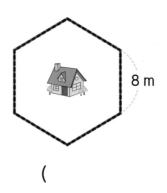

8 m

(　　　　　　　)

92쪽

4 규호는 철사로 한 변이 14 cm인 정팔각형 모양을 만들려고 합니다. 필요한 철사는 모두 몇 cm일까요?

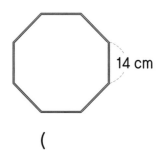

14 cm

(　　　　　　　)

94쪽

5 육각형의 모든 각의 크기의 합은 몇 도일까요?

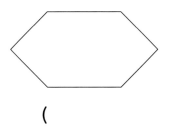

(   )

96쪽

6 한 변이 16 cm이고 모든 변의 길이의 합이 64 cm인 정다각형이 있습니다. 이 정다각형의 이름은 무엇일까요?

(   )

96쪽

7 한 변이 25 cm이고 모든 변의 길이의 합이 250 cm인 정다각형이 있습니다. 이 정다각형의 이름은 무엇일까요?

(   )

8 94쪽 **도전 문제**

다음은 정오각형입니다. ㉠의 각도를 구해 보세요.

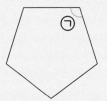

❶ 정오각형의 모든 각의 크기의 합

→ (   )

❷ ㉠의 각도

→ (   )

1회 실력 평가

1 수정이네 마당에 있는 감나무의 키는 2.39 m이고, 대추나무의 키는 2.51 m입니다. 감나무와 대추나무 중에서 키가 더 큰 나무는 무엇일까요?

(   )

2 바구니에 오렌지 3.7 kg과 참외 2.98 kg을 담았습니다. 바구니에 담은 오렌지와 참외는 모두 몇 kg일까요?

(   )

3 음식점에서 요리를 하는 데 간장 $2\frac{8}{20}$ L 중에서 $1\frac{3}{20}$ L를 사용했습니다. 요리를 하는 데 사용하고 남은 간장은 몇 L일까요?

(   )

4 마름모의 네 변의 길이의 합은 몇 cm일까요?

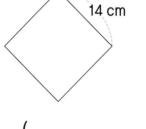
14 cm

(   )

5   $6\frac{3}{7}$ 에서 어떤 수를 뺐더니 $2\frac{5}{7}$ 가

되었습니다. 어떤 수를 구해 보세요.

(   )

7   삼각형 ㄱㄴㄷ은 이등변삼각형입니다.
삼각형 ㄱㄴㄷ의 세 변의 길이의 합은
몇 cm일까요?

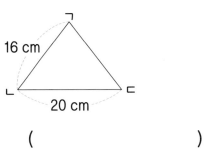

(   )

6   두 각의 크기가 20°, 45°인 삼각형이
있습니다. 이 삼각형은 예각삼각형,
직각삼각형, 둔각삼각형 중에서 어떤
삼각형일까요?

(   )

8   한 변이 13 m이고 모든 변의 길이의
합이 143 m인 정다각형이 있습니다.
이 정다각형의 이름은 무엇일까요?

(   )

2회 실력 평가

1 승훈이는 $\dfrac{3}{6}$ 시간 동안 국어 공부를 했고, $\dfrac{2}{6}$ 시간 동안 수학 공부를 했습니다. 승훈이가 공부한 시간은 모두 몇 시간일까요?

(　　　　　　　)

2 100 m를 달리는 데 상민이는 17.5초 걸렸고, 재훈이는 상민이보다 1.6초 더 오래 걸렸습니다. 재훈이가 100 m를 달리는 데 걸린 시간은 몇 초일까요?

(　　　　　　　)

3 준이네 냉장고에는 사과 주스가 0.82 L 있고, 포도 주스가 0.57 L 있습니다. 사과 주스는 포도 주스보다 몇 L 더 많이 있을까요?

(　　　　　　　)

4 사각형 ㄱㄴㄷㄹ은 평행사변형입니다. 각 ㄱㄹㄷ의 크기를 구해 보세요.

(　　　　　　　)

[5~6] 어느 수목원의 날짜별 방문객 수를 조사하여 나타낸 꺾은선그래프입니다. 물음에 답하세요.

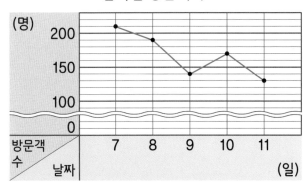

날짜별 방문객 수

5 방문객 수가 전날에 비해 가장 많이 줄어든 날은 며칠일까요?

( )

6 조사한 기간 동안 이 수목원의 방문객 수는 모두 몇 명일까요?

( )

7 분수 카드 3장 중 2장을 골라 차가 가장 큰 뺄셈식을 만들고, 계산해 보세요.

$4\dfrac{2}{9}$ $\dfrac{40}{9}$ $3\dfrac{8}{9}$

$\boxed{} - \boxed{} = \boxed{}$

8 팔각형의 대각선의 수를 구해 보세요.

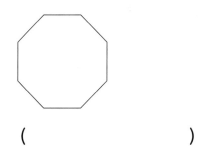

( )

MEMO

4B

4학년 ◆ 기본

교과서 문해력
수학 문장제

공부로 이끄는 힘!

완자 공부력

정삼각형의 한 변의 길이는 몇 cm 일까요?

정답과 해설

정답과 해설
QR코드

완자 공부력

교과서 문해력
수학 문장제 기본 4B

< 정답과 해설 >

1 분수의 덧셈과 뺄셈

10-11쪽 ❶ 계산 결과를 대분수로 나타내지 않아도 정답으로 인정합니다.

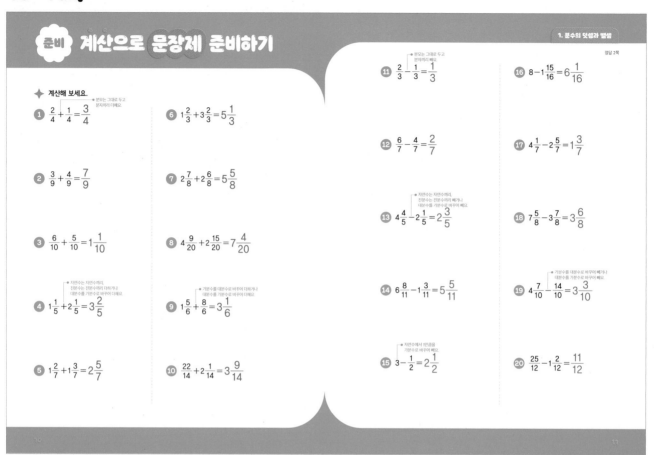

준비 계산으로 문장제 준비하기

1. 분수의 덧셈과 뺄셈

정답 2쪽

◆ 계산해 보세요.

① $\frac{2}{4} + \frac{1}{4} = \frac{3}{4}$ ← 분모는 그대로 두고 분자끼리 더해요.

⑥ $1\frac{2}{3} + 3\frac{2}{3} = 5\frac{1}{3}$

② $\frac{3}{9} + \frac{4}{9} = \frac{7}{9}$

⑦ $2\frac{7}{8} + 2\frac{6}{8} = 5\frac{5}{8}$

③ $\frac{6}{10} + \frac{5}{10} = 1\frac{1}{10}$

⑧ $4\frac{9}{20} + 2\frac{15}{20} = 7\frac{4}{20}$

④ $1\frac{1}{5} + 2\frac{1}{5} = 3\frac{2}{5}$ ← 자연수는 자연수끼리, 진분수는 진분수끼리 더하거나 대분수를 가분수로 바꾸어 더해요.

⑨ $1\frac{5}{6} + \frac{8}{6} = 3\frac{1}{6}$ ← 가분수를 대분수로 바꾸어 더하거나 대분수를 가분수로 바꾸어 더해요.

⑤ $1\frac{2}{7} + 1\frac{3}{7} = 2\frac{5}{7}$

⑩ $\frac{22}{14} + 2\frac{1}{14} = 3\frac{9}{14}$

⑪ $\frac{2}{3} - \frac{1}{3} = \frac{1}{3}$ ← 분모는 그대로 두고 분자끼리 빼요.

⑯ $8 - 1\frac{15}{16} = 6\frac{1}{16}$

⑫ $\frac{6}{7} - \frac{4}{7} = \frac{2}{7}$

⑰ $4\frac{1}{7} - 2\frac{5}{7} = 1\frac{3}{7}$

⑬ $4\frac{4}{5} - 2\frac{1}{5} = 2\frac{3}{5}$ ← 자연수는 자연수끼리, 진분수는 진분수끼리 빼거나 대분수를 가분수로 바꾸어 빼요.

⑱ $7\frac{5}{8} - 3\frac{7}{8} = 3\frac{6}{8}$

⑭ $6\frac{8}{11} - 1\frac{3}{11} = 5\frac{5}{11}$

⑲ $4\frac{7}{10} - \frac{14}{10} = 3\frac{3}{10}$ ← 가분수를 대분수로 바꾸어 빼거나 대분수를 가분수로 바꾸어 빼요.

⑮ $3 - \frac{1}{2} = 2\frac{1}{2}$ ← 자연수에서 1만큼을 가분수로 바꾸어 빼요.

⑳ $\frac{25}{12} - 1\frac{2}{12} = \frac{11}{12}$

12-13쪽 ❶ 계산 결과를 대분수로 나타내지 않아도 정답으로 인정합니다.

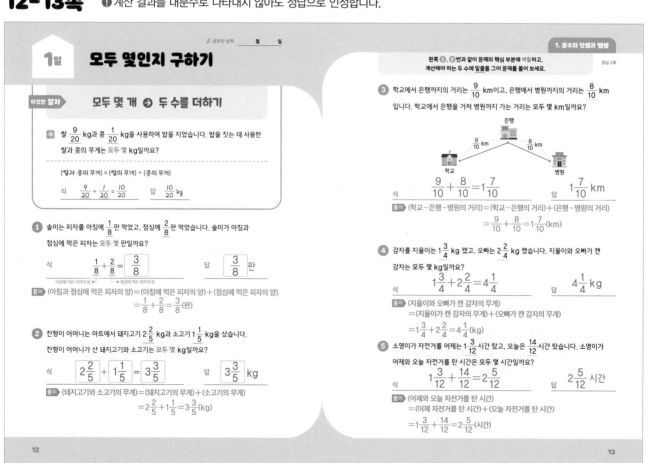

1일 모두 몇인지 구하기

✏ 공부한 날짜 　　월　　일

1. 분수의 덧셈과 뺄셈

왼쪽 ①, ②번과 같이 문제의 핵심 부분에 색칠하고, 계산해야 하는 두 수에 밑줄을 그어 문제를 풀어 보세요.

정답 2쪽

이것만 알자　　모두 몇 개 ➡ 두 수를 더하기

예 쌀 $\frac{9}{20}$ kg과 콩 $\frac{1}{20}$ kg을 사용하여 밥을 지었습니다. 밥을 짓는 데 사용한 쌀과 콩의 무게는 모두 몇 kg일까요?

(쌀과 콩의 무게) = (쌀의 무게) + (콩의 무게)

식 $\frac{9}{20} + \frac{1}{20} = \frac{10}{20}$　　답 $\frac{10}{20}$ kg

① 솔미는 피자를 아침에 $\frac{1}{8}$ 판 먹었고, 점심에 $\frac{2}{8}$ 판 먹었습니다. 솔미가 아침과 점심에 먹은 피자는 모두 몇 판일까요?

식 $\frac{1}{8} + \frac{2}{8} = \frac{3}{8}$　　답 $\frac{3}{8}$ 판
　　아침에 먹은 피자의 양　점심에 먹은 피자의 양

풀이 (아침과 점심에 먹은 피자의 양)=(아침에 먹은 피자의 양) + (점심에 먹은 피자의 양)
　　$= \frac{1}{8} + \frac{2}{8} = \frac{3}{8}$(판)

② 찬형이 어머니는 마트에서 돼지고기 $2\frac{2}{5}$ kg과 소고기 $1\frac{1}{5}$ kg을 샀습니다. 찬형이 어머니가 산 돼지고기와 소고기는 모두 몇 kg일까요?

식 $2\frac{2}{5} + 1\frac{1}{5} = 3\frac{3}{5}$　　답 $3\frac{3}{5}$ kg

풀이 (돼지고기와 소고기의 무게)=(돼지고기의 무게) + (소고기의 무게)
　　$= 2\frac{2}{5} + 1\frac{1}{5} = 3\frac{3}{5}$(kg)

③ 학교에서 은행까지의 거리는 $\frac{9}{10}$ km이고, 은행에서 병원까지의 거리는 $\frac{8}{10}$ km 입니다. 학교에서 은행을 거쳐 병원까지 가는 거리는 모두 몇 km일까요?

식 $\frac{9}{10} + \frac{8}{10} = 1\frac{7}{10}$　　답 $1\frac{7}{10}$ km

풀이 (학교~은행~병원의 거리)=(학교~은행의 거리) + (은행~병원의 거리)
　　$= \frac{9}{10} + \frac{8}{10} = 1\frac{7}{10}$(km)

④ 감자를 지율이는 $1\frac{3}{4}$ kg 캤고, 오빠는 $2\frac{2}{4}$ kg 캤습니다. 지율이와 오빠가 캔 감자는 모두 몇 kg일까요?

식 $1\frac{3}{4} + 2\frac{2}{4} = 4\frac{1}{4}$　　답 $4\frac{1}{4}$ kg

풀이 (지율이와 오빠가 캔 감자의 무게)
　　=(지율이가 캔 감자의 무게) + (오빠가 캔 감자의 무게)
　　$= 1\frac{3}{4} + 2\frac{2}{4} = 4\frac{1}{4}$(kg)

⑤ 소영이가 자전거를 어제는 $1\frac{3}{12}$ 시간 탔고, 오늘은 $\frac{14}{12}$ 시간 탔습니다. 소영이가 어제와 오늘 자전거를 탄 시간은 모두 몇 시간일까요?

식 $1\frac{3}{12} + \frac{14}{12} = 2\frac{5}{12}$　　답 $2\frac{5}{12}$ 시간

풀이 (어제와 오늘 자전거를 탄 시간)
　　=(어제 자전거를 탄 시간) + (오늘 자전거를 탄 시간)
　　$= 1\frac{3}{12} + \frac{14}{12} = 2\frac{5}{12}$(시간)

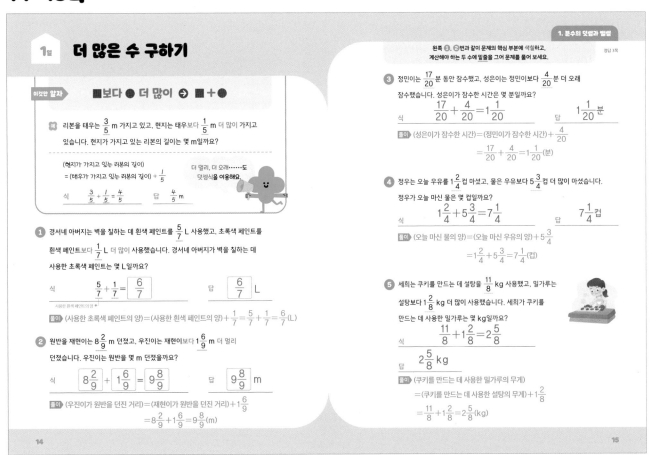

1일 **더 많은 수 구하기**

1. 분수의 덧셈과 뺄셈

이것만 알자 ▨보다 ● 더 많이 ➜ ▨＋●

🎀 리본을 태우는 $\frac{3}{5}$ m 가지고 있고, 현지는 태우보다 $\frac{1}{5}$ m 더 많이 가지고 있습니다. 현지가 가지고 있는 리본의 길이는 몇 m일까요?

(현지가 가지고 있는 리본의 길이)
= (태우가 가지고 있는 리본의 길이) + $\frac{1}{5}$

식 $\frac{3}{5}+\frac{1}{5}=\frac{4}{5}$　　답 $\frac{4}{5}$ m

더 멀리, 더 오래……도 덧셈식을 이용해요.

❶ 경서네 아버지는 벽을 칠하는 데 흰색 페인트를 $\frac{5}{7}$ L 사용했고, 초록색 페인트를 흰색 페인트보다 $\frac{1}{7}$ L 더 많이 사용했습니다. 경서네 아버지가 벽을 칠하는 데 사용한 초록색 페인트는 몇 L일까요?

식 $\frac{5}{7}+\frac{1}{7}=\boxed{\frac{6}{7}}$　　답 $\boxed{\frac{6}{7}}$ L

사용한 흰색 페인트의 양 ☀

풀이 (사용한 초록색 페인트의 양)=(사용한 흰색 페인트의 양)+$\frac{1}{7}=\frac{5}{7}+\frac{1}{7}=\frac{6}{7}$(L)

❷ 원반을 재현이는 $8\frac{2}{9}$ m 던졌고, 우진이는 재현이보다 $1\frac{6}{9}$ m 더 멀리 던졌습니다. 우진이는 원반을 몇 m 던졌을까요?

식 $\boxed{8\frac{2}{9}}+\boxed{1\frac{6}{9}}=\boxed{9\frac{8}{9}}$　　답 $\boxed{9\frac{8}{9}}$ m

풀이 (우진이가 원반을 던진 거리)=(재현이가 원반을 던진 거리)+$1\frac{6}{9}$
$=8\frac{2}{9}+1\frac{6}{9}=9\frac{8}{9}$(m)

왼쪽 ❶, ❷번과 같이 문제의 핵심 부분에 색칠하고, 계산해야 하는 두 수에 밑줄을 그어 문제를 풀어 보세요.　　정답 3쪽

❸ 정민이는 $\frac{17}{20}$분 동안 잠수했고, 성은이는 정민이보다 $\frac{4}{20}$분 더 오래 잠수했습니다. 성은이가 잠수한 시간은 몇 분일까요?

식 $\frac{17}{20}+\frac{4}{20}=1\frac{1}{20}$　　답 $1\frac{1}{20}$분

풀이 (성은이가 잠수한 시간)=(정민이가 잠수한 시간)+$\frac{4}{20}$
$=\frac{17}{20}+\frac{4}{20}=1\frac{1}{20}$(분)

❹ 정우는 오늘 우유를 $1\frac{2}{4}$컵 마셨고, 물은 우유보다 $5\frac{3}{4}$컵 더 많이 마셨습니다. 정우가 오늘 마신 물은 몇 컵일까요?

식 $1\frac{2}{4}+5\frac{3}{4}=7\frac{1}{4}$　　답 $7\frac{1}{4}$컵

풀이 (오늘 마신 물의 양)=(오늘 마신 우유의 양)+$5\frac{3}{4}$
$=1\frac{2}{4}+5\frac{3}{4}=7\frac{1}{4}$(컵)

❺ 세희는 쿠키를 만드는 데 설탕을 $\frac{11}{8}$ kg 사용했고, 밀가루는 설탕보다 $1\frac{2}{8}$ kg 더 많이 사용했습니다. 세희가 쿠키를 만드는 데 사용한 밀가루는 몇 kg일까요?

식 $\frac{11}{8}+1\frac{2}{8}=2\frac{5}{8}$

답 $2\frac{5}{8}$ kg

풀이 (쿠키를 만드는 데 사용한 밀가루의 무게)
=(쿠키를 만드는 데 사용한 설탕의 무게)+$1\frac{2}{8}$
$=\frac{11}{8}+1\frac{2}{8}=2\frac{5}{8}$(kg)

14　　15

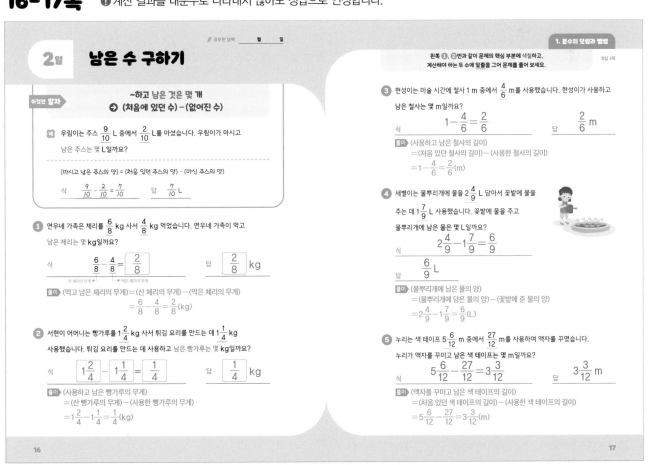

2일 **남은 수 구하기**

✏ 공부한 날짜　월　일

1. 분수의 덧셈과 뺄셈

이것만 알자 ~하고 남은 것은 몇 개
➜ (처음에 있던 수) − (없어진 수)

🧃 우림이는 주스 $\frac{9}{10}$ L 중에서 $\frac{2}{10}$ L를 마셨습니다. 우림이가 마시고 남은 주스는 몇 L일까요?

(마시고 남은 주스의 양) = (처음 있던 주스의 양) − (마신 주스의 양)

식 $\frac{9}{10}-\frac{2}{10}=\frac{7}{10}$　　답 $\frac{7}{10}$ L

❶ 연우네 가족은 체리를 $\frac{6}{8}$ kg 사서 $\frac{4}{8}$ kg 먹었습니다. 연우네 가족이 먹고 남은 체리는 몇 kg일까요?

식 $\frac{6}{8}-\frac{4}{8}=\boxed{\frac{2}{8}}$　　답 $\boxed{\frac{2}{8}}$ kg

산 체리의 무게 ✦　✦ 먹은 체리의 무게

풀이 (먹고 남은 체리의 무게)=(산 체리의 무게)−(먹은 체리의 무게)
$=\frac{6}{8}-\frac{4}{8}=\frac{2}{8}$(kg)

❷ 서현이 어머니는 빵가루를 $1\frac{2}{4}$ kg 사서 튀김 요리를 만드는 데 $1\frac{1}{4}$ kg 사용했습니다. 튀김 요리를 만드는 데 사용하고 남은 빵가루는 몇 kg일까요?

식 $\boxed{1\frac{2}{4}}-\boxed{1\frac{1}{4}}=\boxed{\frac{1}{4}}$　　답 $\boxed{\frac{1}{4}}$ kg

풀이 (사용하고 남은 빵가루의 무게)
=(산 빵가루의 무게)−(사용한 빵가루의 무게)
$=1\frac{2}{4}-1\frac{1}{4}=\frac{1}{4}$(kg)

왼쪽 ❶, ❷번과 같이 문제의 핵심 부분에 색칠하고, 계산해야 하는 두 수에 밑줄을 그어 문제를 풀어 보세요.　　정답 3쪽

❸ 현성이는 미술 시간에 철사 1 m 중에서 $\frac{4}{6}$ m를 사용했습니다. 현성이가 사용하고 남은 철사는 몇 m일까요?

식 $1-\frac{4}{6}=\frac{2}{6}$　　답 $\frac{2}{6}$ m

풀이 (사용하고 남은 철사의 길이)
=(처음 있던 철사의 길이)−(사용한 철사의 길이)
$=1-\frac{4}{6}=\frac{2}{6}$(m)

❹ 새별이는 물뿌리개에 물을 $2\frac{4}{9}$ L 담아서 꽃밭에 물을 주는 데 $1\frac{7}{9}$ L 사용했습니다. 꽃밭에 물을 주고 물뿌리개에 남은 물은 몇 L일까요?

식 $2\frac{4}{9}-1\frac{7}{9}=\frac{6}{9}$

답 $\frac{6}{9}$ L

풀이 (물뿌리개에 남은 물의 양)
=(물뿌리개에 담은 물의 양)−(꽃밭에 준 물의 양)
$=2\frac{4}{9}-1\frac{7}{9}=\frac{6}{9}$(L)

❺ 누리는 색 테이프 $5\frac{6}{12}$ m 중에서 $\frac{27}{12}$ m를 사용하여 액자를 꾸몄습니다. 누리가 액자를 꾸미고 남은 색 테이프는 몇 m일까요?

식 $5\frac{6}{12}-\frac{27}{12}=3\frac{3}{12}$　　답 $3\frac{3}{12}$ m

풀이 (액자를 꾸미고 남은 색 테이프의 길이)
=(처음 있던 색 테이프의 길이)−(사용한 테이프의 길이)
$=5\frac{6}{12}-\frac{27}{12}=3\frac{3}{12}$(m)

16　　17

1 분수의 덧셈과 뺄셈

18-19쪽 ❶ 계산 결과를 대분수로 나타내지 않아도 정답으로 인정합니다.

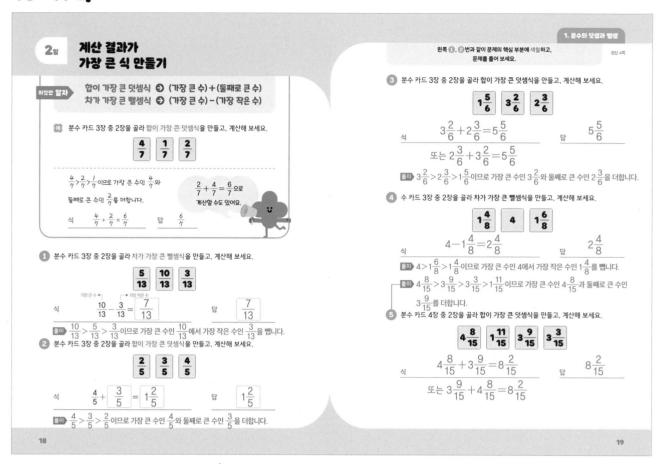

2일 계산 결과가 가장 큰 식 만들기

이것만 알자
- 합이 가장 큰 덧셈식 ➡ (가장 큰 수)+(둘째로 큰 수)
- 차가 가장 큰 뺄셈식 ➡ (가장 큰 수)−(가장 작은 수)

예 분수 카드 3장 중 2장을 골라 합이 가장 큰 덧셈식을 만들고, 계산해 보세요.

$\frac{4}{7}$ $\frac{1}{7}$ $\frac{2}{7}$

$\frac{4}{7}>\frac{2}{7}>\frac{1}{7}$ 이므로 가장 큰 수인 $\frac{4}{7}$와 둘째로 큰 수인 $\frac{2}{7}$를 더합니다.

$\frac{2}{7}+\frac{4}{7}=\frac{6}{7}$ 으로 계산할 수도 있어요.

식 $\frac{4}{7}+\frac{2}{7}=\frac{6}{7}$ 답 $\frac{6}{7}$

1 분수 카드 3장 중 2장을 골라 차가 가장 큰 뺄셈식을 만들고, 계산해 보세요.

$\frac{5}{13}$ $\frac{10}{13}$ $\frac{3}{13}$

식 $\frac{10}{13}-\frac{3}{13}=\frac{7}{13}$ 답 $\frac{7}{13}$

풀이 $\frac{10}{13}>\frac{5}{13}>\frac{3}{13}$ 이므로 가장 큰 수인 $\frac{10}{13}$에서 가장 작은 수인 $\frac{3}{13}$을 뺍니다.

2 분수 카드 3장 중 2장을 골라 합이 가장 큰 덧셈식을 만들고, 계산해 보세요.

$\frac{2}{5}$ $\frac{3}{5}$ $\frac{4}{5}$

식 $\frac{4}{5}+\frac{3}{5}=1\frac{2}{5}$ 답 $1\frac{2}{5}$

풀이 $\frac{4}{5}>\frac{3}{5}>\frac{2}{5}$ 이므로 가장 큰 수인 $\frac{4}{5}$와 둘째로 큰 수인 $\frac{3}{5}$을 더합니다.

---

1. 분수의 덧셈과 뺄셈

왼쪽 ❶, ❷번과 같이 문제의 핵심 부분에 색칠하고, 문제를 풀어 보세요.   정답 4쪽

3 분수 카드 3장 중 2장을 골라 합이 가장 큰 덧셈식을 만들고, 계산해 보세요.

$1\frac{5}{6}$ $3\frac{2}{6}$ $2\frac{3}{6}$

식 $3\frac{2}{6}+2\frac{3}{6}=5\frac{5}{6}$ 답 $5\frac{5}{6}$
또는 $2\frac{3}{6}+3\frac{2}{6}=5\frac{5}{6}$

풀이 $3\frac{2}{6}>2\frac{3}{6}>1\frac{5}{6}$ 이므로 가장 큰 수인 $3\frac{2}{6}$와 둘째로 큰 수인 $2\frac{3}{6}$를 더합니다.

4 수 카드 3장 중 2장을 골라 차가 가장 큰 뺄셈식을 만들고, 계산해 보세요.

$1\frac{4}{8}$ 4 $1\frac{6}{8}$

식 $4-1\frac{4}{8}=2\frac{4}{8}$ 답 $2\frac{4}{8}$

풀이 $4>1\frac{6}{8}>1\frac{4}{8}$ 이므로 가장 큰 수인 4에서 가장 작은 수인 $1\frac{4}{8}$를 뺍니다.

풀이 $4\frac{8}{15}>3\frac{9}{15}>3\frac{3}{15}>1\frac{11}{15}$ 이므로 가장 큰 수인 $4\frac{8}{15}$과 둘째로 큰 수인 $3\frac{9}{15}$를 더합니다.

5 분수 카드 4장 중 2장을 골라 합이 가장 큰 덧셈식을 만들고, 계산해 보세요.

$4\frac{8}{15}$ $1\frac{11}{15}$ $3\frac{9}{15}$ $3\frac{3}{15}$

식 $4\frac{8}{15}+3\frac{9}{15}=8\frac{2}{15}$ 답 $8\frac{2}{15}$
또는 $3\frac{9}{15}+4\frac{8}{15}=8\frac{2}{15}$

18   19

20-21쪽 ❶ 계산 결과를 대분수로 나타내지 않아도 정답으로 인정합니다.

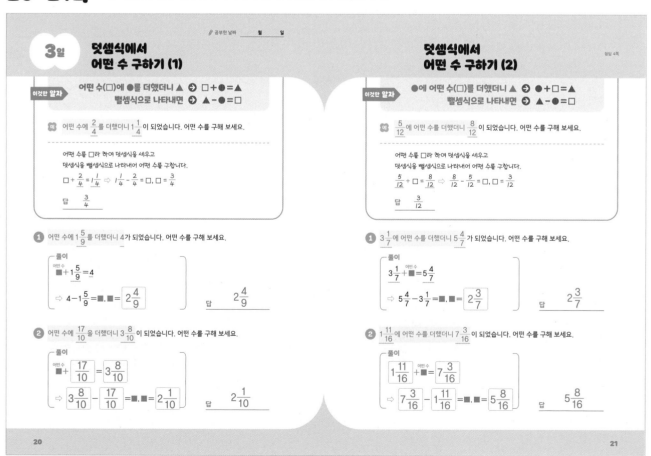

3일 덧셈식에서 어떤 수 구하기 (1)

🖉 공부한 날짜   월   일

이것만 알자
- 어떤 수(□)에 ●를 더했더니 ▲ ➡ □+●=▲
- 뺄셈식으로 나타내면 ➡ ▲−●=□

예 어떤 수에 $\frac{2}{4}$를 더했더니 $1\frac{1}{4}$이 되었습니다. 어떤 수를 구해 보세요.

어떤 수를 □라 하여 덧셈식을 세우고
덧셈식을 뺄셈식으로 나타내어 어떤 수를 구합니다.

$\square+\frac{2}{4}=1\frac{1}{4}$ ➡ $1\frac{1}{4}-\frac{2}{4}=\square,\ \square=\frac{3}{4}$

답 $\frac{3}{4}$

1 어떤 수에 $1\frac{5}{9}$를 더했더니 4가 되었습니다. 어떤 수를 구해 보세요.

풀이
어떤 수
$\blacksquare+1\frac{5}{9}=4$
➡ $4-1\frac{5}{9}=\blacksquare,\ \blacksquare=2\frac{4}{9}$

답 $2\frac{4}{9}$

2 어떤 수에 $\frac{17}{10}$을 더했더니 $3\frac{8}{10}$이 되었습니다. 어떤 수를 구해 보세요.

풀이
어떤 수
$\blacksquare+\frac{17}{10}=3\frac{8}{10}$
➡ $3\frac{8}{10}-\frac{17}{10}=\blacksquare,\ \blacksquare=2\frac{1}{10}$

답 $2\frac{1}{10}$

덧셈식에서 어떤 수 구하기 (2)

정답 4쪽

이것만 알자
- ●에 어떤 수(□)를 더했더니 ▲ ➡ ●+□=▲
- 뺄셈식으로 나타내면 ➡ ▲−●=□

예 $\frac{5}{12}$에 어떤 수를 더했더니 $\frac{8}{12}$이 되었습니다. 어떤 수를 구해 보세요.

어떤 수를 □라 하여 덧셈식을 세우고
덧셈식을 뺄셈식으로 나타내어 어떤 수를 구합니다.

$\frac{5}{12}+\square=\frac{8}{12}$ ➡ $\frac{8}{12}-\frac{5}{12}=\square,\ \square=\frac{3}{12}$

답 $\frac{3}{12}$

1 $3\frac{1}{7}$에 어떤 수를 더했더니 $5\frac{4}{7}$가 되었습니다. 어떤 수를 구해 보세요.

풀이
어떤 수
$3\frac{1}{7}+\blacksquare=5\frac{4}{7}$
➡ $5\frac{4}{7}-3\frac{1}{7}=\blacksquare,\ \blacksquare=2\frac{3}{7}$

답 $2\frac{3}{7}$

2 $1\frac{11}{16}$에 어떤 수를 더했더니 $7\frac{3}{16}$이 되었습니다. 어떤 수를 구해 보세요.

풀이
어떤 수
$1\frac{11}{16}+\blacksquare=7\frac{3}{16}$
➡ $7\frac{3}{16}-1\frac{11}{16}=\blacksquare,\ \blacksquare=5\frac{8}{16}$

답 $5\frac{8}{16}$

20   21

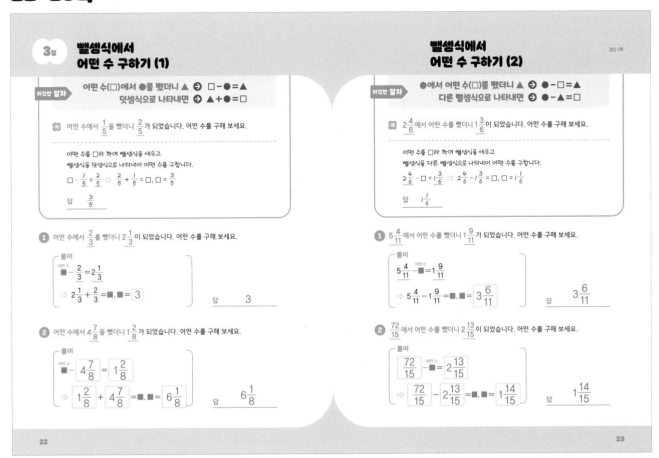

3일 뺄셈식에서 어떤 수 구하기 (1)

이것만 알자 어떤 수(□)에서 ●를 뺐더니 ▲ ➔ □-●=▲
덧셈식으로 나타내면 ➔ ▲+●=□

예 어떤 수에서 $\frac{1}{5}$을 뺐더니 $\frac{2}{5}$가 되었습니다. 어떤 수를 구해 보세요.

어떤 수를 □라 하여 뺄셈식을 세우고
뺄셈식을 덧셈식으로 나타내어 어떤 수를 구합니다.
$\square - \frac{1}{5} = \frac{2}{5} \Rightarrow \frac{2}{5} + \frac{1}{5} = \square, \square = \frac{3}{5}$

답 $\frac{3}{5}$

❶ 어떤 수에서 $\frac{2}{3}$를 뺐더니 $2\frac{1}{3}$이 되었습니다. 어떤 수를 구해 보세요.

풀이
$\blacksquare - \frac{2}{3} = 2\frac{1}{3}$
$\Rightarrow 2\frac{1}{3} + \frac{2}{3} = \blacksquare. \blacksquare = \boxed{3}$

답 3

❷ 어떤 수에서 $4\frac{7}{8}$을 뺐더니 $1\frac{2}{8}$가 되었습니다. 어떤 수를 구해 보세요.

풀이
$\blacksquare - 4\frac{7}{8} = 1\frac{2}{8}$
$\Rightarrow 1\frac{2}{8} + 4\frac{7}{8} = \blacksquare. \blacksquare = \boxed{6\frac{1}{8}}$

답 $6\frac{1}{8}$

뺄셈식에서 어떤 수 구하기 (2) 정답 5쪽

이것만 알자 ●에서 어떤 수(□)를 뺐더니 ▲ ➔ ●-□=▲
다른 뺄셈식으로 나타내면 ➔ ●-▲=□

예 $2\frac{4}{6}$에서 어떤 수를 뺐더니 $1\frac{3}{6}$이 되었습니다. 어떤 수를 구해 보세요.

어떤 수를 □라 하여 뺄셈식을 세우고
뺄셈식을 다른 뺄셈식으로 나타내어 어떤 수를 구합니다.
$2\frac{4}{6} - \square = 1\frac{3}{6} \Rightarrow 2\frac{4}{6} - 1\frac{3}{6} = \square, \square = 1\frac{1}{6}$

답 $1\frac{1}{6}$

❶ $5\frac{4}{11}$에서 어떤 수를 뺐더니 $1\frac{9}{11}$가 되었습니다. 어떤 수를 구해 보세요.

풀이
$5\frac{4}{11} - \blacksquare = 1\frac{9}{11}$
$\Rightarrow 5\frac{4}{11} - 1\frac{9}{11} = \blacksquare. \blacksquare = \boxed{3\frac{6}{11}}$

답 $3\frac{6}{11}$

❷ $\frac{72}{15}$에서 어떤 수를 뺐더니 $2\frac{13}{15}$이 되었습니다. 어떤 수를 구해 보세요.

풀이
$\frac{72}{15} - \blacksquare = 2\frac{13}{15}$
$\Rightarrow \frac{72}{15} - 2\frac{13}{15} = \blacksquare. \blacksquare = \boxed{1\frac{14}{15}}$

답 $1\frac{14}{15}$

22   23

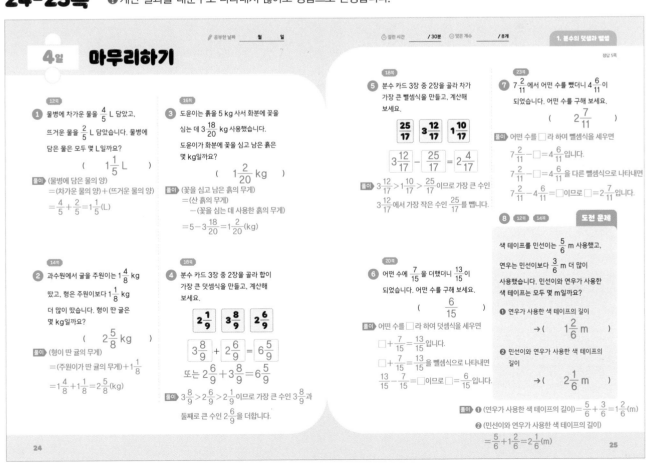

4일 마무리하기

✍ 공부한 날짜 　월　일　　⏱ 걸린 시간 　/30분　 맞은 개수 　/8개　　**1. 분수의 덧셈과 뺄셈**

정답 5쪽

[12쪽]
❶ 물병에 차가운 물을 $\frac{4}{5}$ L 담았고, 뜨거운 물을 $\frac{2}{5}$ L 담았습니다. 물병에 담은 물은 모두 몇 L일까요?

($1\frac{1}{5}$ L)

풀이 (물병에 담은 물의 양)
=(차가운 물의 양)+(뜨거운 물의 양)
=$\frac{4}{5} + \frac{2}{5} = 1\frac{1}{5}$(L)

[14쪽]
❷ 과수원에서 귤을 주원이는 $1\frac{4}{8}$ kg 땄고, 형은 주원이보다 $1\frac{1}{8}$ kg 더 많이 땄습니다. 형이 딴 귤은 몇 kg일까요?

($2\frac{5}{8}$ kg)

풀이 (형이 딴 귤의 무게)
=(주원이가 딴 귤의 무게)+$1\frac{1}{8}$
=$1\frac{4}{8} + 1\frac{1}{8} = 2\frac{5}{8}$(kg)

[16쪽]
❸ 도윤이는 흙을 5 kg 사서 화분에 꽃을 심는 데 $3\frac{18}{20}$ kg 사용했습니다. 도윤이가 화분에 꽃을 심고 남은 흙은 몇 kg일까요?

($1\frac{2}{20}$ kg)

풀이 (꽃을 심고 남은 흙의 무게)
=(산 흙의 무게)
－(꽃을 심는 데 사용한 흙의 무게)
=$5 - 3\frac{18}{20} = 1\frac{2}{20}$(kg)

[18쪽]
❹ 분수 카드 3장 중 2장을 골라 합이 가장 큰 덧셈식을 만들고, 계산해 보세요.

$\boxed{2\frac{1}{9}}$ $\boxed{3\frac{8}{9}}$ $\boxed{2\frac{6}{9}}$

$3\frac{8}{9} + 2\frac{6}{9} = 6\frac{5}{9}$
또는 $2\frac{6}{9} + 3\frac{8}{9} = 6\frac{5}{9}$

풀이 $3\frac{8}{9} > 2\frac{6}{9} > 2\frac{1}{9}$이므로 가장 큰 수인 $3\frac{8}{9}$과
둘째로 큰 수인 $2\frac{6}{9}$을 더합니다.

[18쪽]
❺ 분수 카드 3장 중 2장을 골라 차가 가장 큰 뺄셈식을 만들고, 계산해 보세요.

$\boxed{\frac{25}{17}}$ $\boxed{3\frac{12}{17}}$ $\boxed{1\frac{10}{17}}$

$3\frac{12}{17} - \frac{25}{17} = 2\frac{4}{17}$

풀이 $3\frac{12}{17} > 1\frac{10}{17} > \frac{25}{17}$이므로 가장 큰 수인
$3\frac{12}{17}$에서 가장 작은 수인 $\frac{25}{17}$를 뺍니다.

[20쪽]
❻ 어떤 수에 $\frac{7}{15}$을 더했더니 $\frac{13}{15}$이 되었습니다. 어떤 수를 구해 보세요.

($\frac{6}{15}$)

풀이 어떤 수를 □라 하여 덧셈식을 세우면
$\square + \frac{7}{15} = \frac{13}{15}$입니다.
$\square + \frac{7}{15} = \frac{13}{15}$을 뺄셈식으로 나타내면
$\frac{13}{15} - \frac{7}{15} = \square$이므로 □=$\frac{6}{15}$입니다.

[23쪽]
❼ $7\frac{2}{11}$에서 어떤 수를 뺐더니 $4\frac{6}{11}$이 되었습니다. 어떤 수를 구해 보세요.

($2\frac{7}{11}$)

풀이 어떤 수를 □라 하여 뺄셈식을 세우면
$7\frac{2}{11} - \square = 4\frac{6}{11}$입니다.
$7\frac{2}{11} - \square = 4\frac{6}{11}$을 다른 뺄셈식으로 나타내면
$7\frac{2}{11} - 4\frac{6}{11} = \square$이므로 □=$2\frac{7}{11}$입니다.

❽ [12쪽] [14쪽] **도전 문제**

색 테이프를 민선이는 $\frac{5}{6}$ m 사용했고, 연우는 민선이보다 $\frac{3}{6}$ m 더 많이 사용했습니다. 민선이와 연우가 사용한 색 테이프는 모두 몇 m일까요?

❶ 연우가 사용한 색 테이프의 길이
➔ ($1\frac{2}{6}$ m)

❷ 민선이와 연우가 사용한 색 테이프의 길이
➔ ($2\frac{1}{6}$ m)

풀이 ❶ (연우가 사용한 색 테이프의 길이)=$\frac{5}{6} + \frac{3}{6} = 1\frac{2}{6}$(m)
❷ (민선이와 연우가 사용한 색 테이프의 길이)
=$\frac{5}{6} + 1\frac{2}{6} = 2\frac{1}{6}$(m)

24   25

5

2 삼각형

28-29쪽

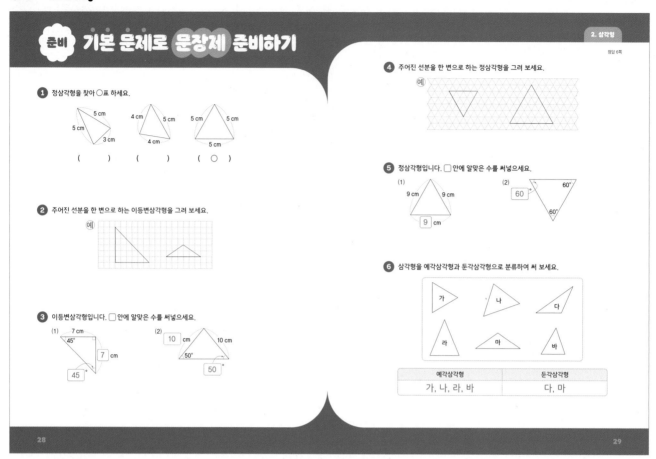

준비 기본 문제로 문장제 준비하기

정답 6쪽

1 정삼각형을 찾아 ○표 하세요.

( ) ( ) (○)

2 주어진 선분을 한 변으로 하는 이등변삼각형을 그려 보세요.

예

3 이등변삼각형입니다. □안에 알맞은 수를 써넣으세요.

(1) 7 cm 45° 7 cm 45

(2) 10 cm 10 cm 50° 50

4 주어진 선분을 한 변으로 하는 정삼각형을 그려 보세요.

예

5 정삼각형입니다. □ 안에 알맞은 수를 써넣으세요.

(1) 9 cm 9 cm 9 cm

(2) 60 60° 60°

6 삼각형을 예각삼각형과 둔각삼각형으로 분류하여 써 보세요.

가 나 다
라 마 바

예각삼각형	둔각삼각형
가, 나, 라, 바	다, 마

30-31쪽

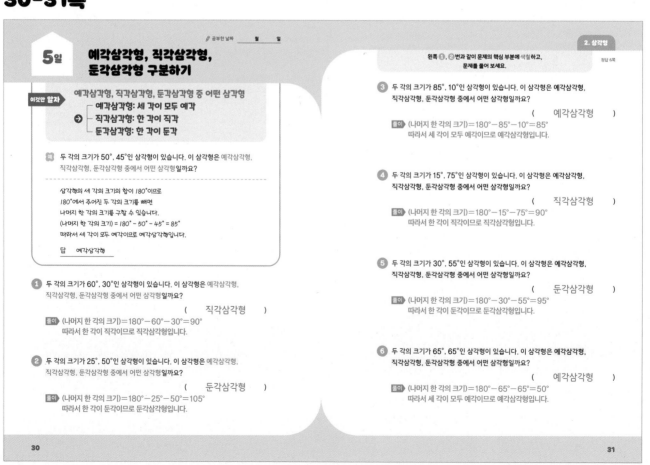

🖊 공부한 날짜   월   일

5일 예각삼각형, 직각삼각형, 둔각삼각형 구분하기

이것만 알자 ▶ 예각삼각형, 직각삼각형, 둔각삼각형 중 어떤 삼각형
→ ┌ 예각삼각형: 세 각이 모두 예각
   ├ 직각삼각형: 한 각이 직각
   └ 둔각삼각형: 한 각이 둔각

예 두 각의 크기가 50°, 45°인 삼각형이 있습니다. 이 삼각형은 예각삼각형, 직각삼각형, 둔각삼각형 중에서 어떤 삼각형일까요?

삼각형의 세 각의 크기의 합이 180°이므로
180°에서 주어진 두 각의 크기를 빼면
나머지 한 각의 크기를 구할 수 있습니다.
(나머지 한 각의 크기) = 180° - 50° - 45° = 85°
따라서 세 각이 모두 예각이므로 예각삼각형입니다.

답   예각삼각형

1 두 각의 크기가 60°, 30°인 삼각형이 있습니다. 이 삼각형은 예각삼각형, 직각삼각형, 둔각삼각형 중에서 어떤 삼각형일까요?

(직각삼각형)

풀이 (나머지 한 각의 크기)=180°-60°-30°=90°
따라서 한 각이 직각이므로 직각삼각형입니다.

2 두 각의 크기가 25°, 50°인 삼각형이 있습니다. 이 삼각형은 예각삼각형, 직각삼각형, 둔각삼각형 중에서 어떤 삼각형일까요?

(둔각삼각형)

풀이 (나머지 한 각의 크기)=180°-25°-50°=105°
따라서 한 각이 둔각이므로 둔각삼각형입니다.

왼쪽 1, 2번과 같이 문제의 핵심 부분에 색칠하고, 문제를 풀어 보세요.

정답 6쪽

3 두 각의 크기가 85°, 10°인 삼각형이 있습니다. 이 삼각형은 예각삼각형, 직각삼각형, 둔각삼각형 중에서 어떤 삼각형일까요?

(예각삼각형)

풀이 (나머지 한 각의 크기)=180°-85°-10°=85°
따라서 세 각이 모두 예각이므로 예각삼각형입니다.

4 두 각의 크기가 15°, 75°인 삼각형이 있습니다. 이 삼각형은 예각삼각형, 직각삼각형, 둔각삼각형 중에서 어떤 삼각형일까요?

(직각삼각형)

풀이 (나머지 한 각의 크기)=180°-15°-75°=90°
따라서 한 각이 직각이므로 직각삼각형입니다.

5 두 각의 크기가 30°, 55°인 삼각형이 있습니다. 이 삼각형은 예각삼각형, 직각삼각형, 둔각삼각형 중에서 어떤 삼각형일까요?

(둔각삼각형)

풀이 (나머지 한 각의 크기)=180°-30°-55°=95°
따라서 한 각이 둔각이므로 둔각삼각형입니다.

6 두 각의 크기가 65°, 65°인 삼각형이 있습니다. 이 삼각형은 예각삼각형, 직각삼각형, 둔각삼각형 중에서 어떤 삼각형일까요?

(예각삼각형)

풀이 (나머지 한 각의 크기)=180°-65°-65°=50°
따라서 세 각이 모두 예각이므로 예각삼각형입니다.

32-33쪽

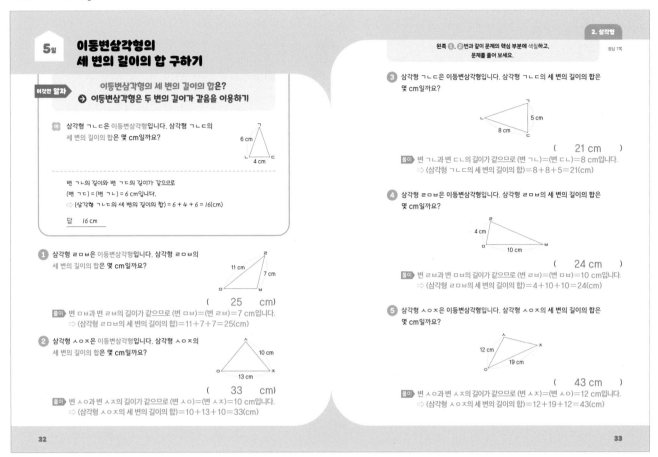

5일 이등변삼각형의 세 변의 길이의 합 구하기

이것만 알자

이등변삼각형의 세 변의 길이의 합은?
➡ 이등변삼각형은 두 변의 길이가 같음을 이용하기

예 삼각형 ㄱㄴㄷ은 이등변삼각형입니다. 삼각형 ㄱㄴㄷ의 세 변의 길이의 합은 몇 cm일까요?

6 cm
4 cm

변 ㄱㄴ의 길이와 변 ㄱㄷ의 길이가 같으므로
(변 ㄱㄷ) = (변 ㄱㄴ) = 6 cm입니다.
➡ (삼각형 ㄱㄴㄷ의 세 변의 길이의 합) = 6 + 4 + 6 = 16(cm)

답 16 cm

왼쪽 ❶, ❷번과 같이 문제의 핵심 부분에 색칠하고, 문제를 풀어 보세요. *정답 7쪽*

❶ 삼각형 ㄹㅁㅂ은 이등변삼각형입니다. 삼각형 ㄹㅁㅂ의 세 변의 길이의 합은 몇 cm일까요?

11 cm
7 cm

(**25** cm)

풀이 변 ㅁㅂ과 변 ㄹㅂ의 길이가 같으므로 (변 ㅁㅂ)=(변 ㄹㅂ)=7 cm입니다.
➡ (삼각형 ㄹㅁㅂ의 세 변의 길이의 합)=11+7+7=25(cm)

❷ 삼각형 ㅅㅇㅈ은 이등변삼각형입니다. 삼각형 ㅅㅇㅈ의 세 변의 길이의 합은 몇 cm일까요?

10 cm
13 cm

(**33** cm)

풀이 변 ㅅㅇ과 변 ㅅㅈ의 길이가 같으므로 (변 ㅅㅇ)=(변 ㅅㅈ)=10 cm입니다.
➡ (삼각형 ㅅㅇㅈ의 세 변의 길이의 합)=10+13+10=33(cm)

❸ 삼각형 ㄱㄴㄷ은 이등변삼각형입니다. 삼각형 ㄱㄴㄷ의 세 변의 길이의 합은 몇 cm일까요?

5 cm
8 cm

(21 cm)

풀이 변 ㄱㄴ과 변 ㄷㄴ의 길이가 같으므로 (변 ㄱㄴ)=(변 ㄷㄴ)=8입니다.
➡ (삼각형 ㄱㄴㄷ의 세 변의 길이의 합)=8+8+5=21(cm)

❹ 삼각형 ㄹㅁㅂ은 이등변삼각형입니다. 삼각형 ㄹㅁㅂ의 세 변의 길이의 합은 몇 cm일까요?

4 cm
10 cm

(24 cm)

풀이 변 ㄹㅂ과 변 ㅁㅂ의 길이가 같으므로 (변 ㄹㅂ)=(변 ㅁㅂ)=10입니다.
➡ (삼각형 ㄹㅁㅂ의 세 변의 길이의 합)=4+10+10=24(cm)

❺ 삼각형 ㅅㅇㅈ은 이등변삼각형입니다. 삼각형 ㅅㅇㅈ의 세 변의 길이의 합은 몇 cm일까요?

12 cm
19 cm

(43 cm)

풀이 변 ㅅㅇ과 변 ㅅㅈ의 길이가 같으므로 (변 ㅅㅈ)=(변 ㅅㅇ)=12입니다.
➡ (삼각형 ㅅㅇㅈ의 세 변의 길이의 합)=12+19+12=43(cm)

34-35쪽

✎ 공부한 날짜   월   일

6일 정삼각형의 한 변의 길이 구하기

이것만 알자 (한 변의 길이)=(정삼각형의 세 변의 길이의 합)÷3

예 유진이는 길이가 21 cm인 철사를 모두 사용하여 정삼각형을 한 개 만들었습니다. 유진이가 만든 정삼각형의 한 변의 길이는 몇 cm일까요?

철사를 모두 사용하였으므로 유진이가 만든 정삼각형의 세 변의 길이의 합은 철사의 길이와 같은 21 cm입니다.
➡ (정삼각형의 한 변의 길이) = 21 ÷ 3 = 7(cm)

답 7 cm

❶ 민기는 길이가 12 cm인 끈을 모두 사용하여 정삼각형을 한 개 만들었습니다. 민기가 만든 정삼각형의 한 변의 길이는 몇 cm일까요?

(4 cm)

풀이 끈을 모두 사용하였으므로 민기가 만든 정삼각형의 세 변의 길이의 합은 끈의 길이와 같은 12 cm입니다.
➡ (정삼각형의 한 변의 길이)=12÷3=4(cm)

❷ 수민이는 길이가 27 cm인 털실을 모두 사용하여 정삼각형을 한 개 만들었습니다. 수민이가 만든 정삼각형의 한 변의 길이는 몇 cm일까요?

(9 cm)

풀이 털실을 모두 사용하였으므로 수민이가 만든 정삼각형의 세 변의 길이의 합은 털실의 길이와 같은 27 cm입니다.
➡ (정삼각형의 한 변의 길이)=27÷3=9(cm)

왼쪽 ❶, ❷번과 같이 문제의 핵심 부분에 색칠하고, 문제를 풀어 보세요. *정답 7쪽*

❸ 선정이는 길이가 36 cm인 리본을 모두 사용하여 정삼각형을 한 개 만들었습니다. 선정이가 만든 정삼각형의 한 변의 길이는 몇 cm일까요?

(12 cm)

풀이 리본을 모두 사용하였으므로 선정이가 만든 정삼각형의 세 변의 길이의 합은 리본의 길이와 같은 36 cm입니다.
➡ (정삼각형의 한 변의 길이)=36÷3=12(cm)

❹ 태은이는 운동장에 세 변의 길이의 합이 6 m인 정삼각형을 그리려고 합니다. 정삼각형의 한 변의 길이를 몇 m가 되도록 그려야 할까요?

(2 m)

풀이 (정삼각형의 한 변의 길이)=6÷3=2(m)

❺ 선웅이는 칠판에 세 변의 길이의 합이 90 cm인 정삼각형을 그리려고 합니다. 정삼각형의 한 변의 길이를 몇 cm가 되도록 그려야 할까요?

(30 cm)

풀이 (정삼각형의 한 변의 길이)=90÷3=30(cm)

❻ 백호는 공책에 세 변의 길이의 합이 147 mm인 정삼각형을 그리려고 합니다. 정삼각형의 한 변의 길이를 몇 mm가 되도록 그려야 할까요?

(49 mm)

풀이 (정삼각형의 한 변의 길이)=147÷3=49(mm)

2 삼각형

36-37쪽

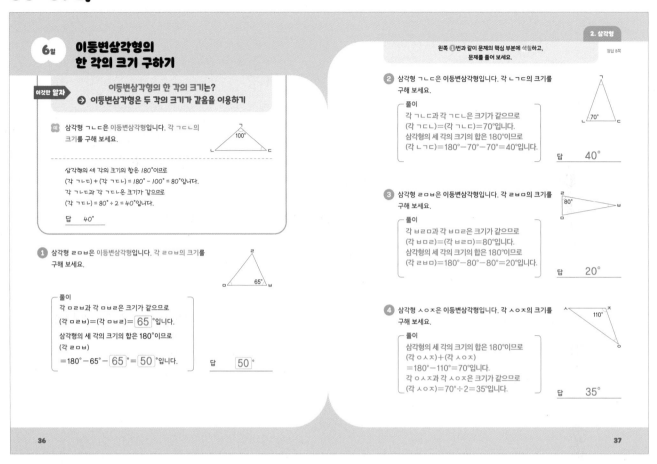

6일 이등변삼각형의 한 각의 크기 구하기

이것만 알자
이등변삼각형의 한 각의 크기는?
➡ 이등변삼각형은 두 각의 크기가 같음을 이용하기

예 삼각형 ㄱㄴㄷ은 이등변삼각형입니다. 각 ㄱㄷㄴ의 크기를 구해 보세요.

삼각형의 세 각의 크기의 합은 180°이므로
(각 ㄱㄴㄷ)+(각 ㄱㄷㄴ)=180°-100°=80°입니다.
각 ㄱㄴㄷ과 각 ㄱㄷㄴ은 크기가 같으므로
(각 ㄱㄷㄴ)=80°÷2=40°입니다.

답 40°

1 삼각형 ㄹㅁㅂ은 이등변삼각형입니다. 각 ㄹㅁㅂ의 크기를 구해 보세요.

풀이
각 ㅁㄹㅂ과 각 ㅁㅂㄹ은 크기가 같으므로
(각 ㅁㄹㅂ)=(각 ㅁㅂㄹ)= 65 °입니다.
삼각형의 세 각의 크기의 합은 180°이므로
(각 ㄹㅁㅂ)
=180°-65°- 65 °= 50 °입니다.

답 50°

왼쪽 ①번과 같이 문제의 핵심 부분에 색칠하고, 문제를 풀어 보세요.
정답 8쪽

2 삼각형 ㄱㄴㄷ은 이등변삼각형입니다. 각 ㄴㄱㄷ의 크기를 구해 보세요.

풀이
각 ㄱㄴㄷ과 각 ㄱㄷㄴ은 크기가 같으므로
(각 ㄱㄷㄴ)=(각 ㄱㄴㄷ)=70°입니다.
삼각형의 세 각의 크기의 합은 180°이므로
(각 ㄴㄱㄷ)=180°-70°-70°=40°입니다.

답 40°

3 삼각형 ㄹㅁㅂ은 이등변삼각형입니다. 각 ㄹㅂㅁ의 크기를 구해 보세요.

풀이
각 ㅂㄹㅁ과 각 ㅂㅁㄹ은 크기가 같으므로
(각 ㅂㅁㄹ)=(각 ㅂㅁㄹ)=80°입니다.
삼각형의 세 각의 크기의 합은 180°이므로
(각 ㄹㅂㅁ)=180°-80°-80°=20°입니다.

답 20°

4 삼각형 ㅅㅇㅈ은 이등변삼각형입니다. 각 ㅅㅇㅈ의 크기를 구해 보세요.

풀이
삼각형의 세 각의 크기의 합은 180°이므로
(각 ㅇㅅㅈ)+(각 ㅅㅇㅈ)
=180°-110°=70°입니다.
각 ㅇㅅㅈ과 각 ㅅㅇㅈ은 크기가 같으므로
(각 ㅅㅇㅈ)=70°÷2=35°입니다.

답 35°

38-39쪽

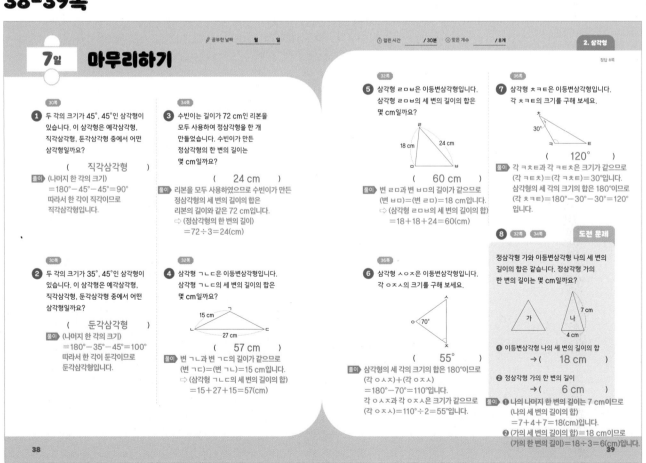

공부한 날짜 월 일   걸린 시간 /30분 맞은 개수 /8개   **2. 삼각형**

7일 마무리하기

정답 8쪽

30쪽
1 두 각의 크기가 45°, 45°인 삼각형이 있습니다. 이 삼각형은 예각삼각형, 직각삼각형, 둔각삼각형 중에서 어떤 삼각형일까요?

(직각삼각형)

풀이 (나머지 한 각의 크기)
=180°-45°-45°=90°
따라서 한 각이 직각이므로 직각삼각형입니다.

30쪽
2 두 각의 크기가 35°, 45°인 삼각형이 있습니다. 이 삼각형은 예각삼각형, 직각삼각형, 둔각삼각형 중에서 어떤 삼각형일까요?

(둔각삼각형)

풀이 (나머지 한 각의 크기)
=180°-35°-45°=100°
따라서 한 각이 둔각이므로 둔각삼각형입니다.

34쪽
3 수빈이는 길이가 72 cm인 리본을 모두 사용하여 정삼각형을 한 개 만들었습니다. 수빈이가 만든 정삼각형의 한 변의 길이는 몇 cm일까요?

(24 cm)

풀이 리본을 모두 사용하였으므로 수빈이가 만든 정삼각형의 세 변의 길이의 합은 리본의 길이와 같은 72 cm입니다.
➡ (정삼각형의 한 변의 길이)
=72÷3=24(cm)

32쪽
4 삼각형 ㄱㄴㄷ은 이등변삼각형입니다. 삼각형 ㄱㄴㄷ의 세 변의 길이의 합은 몇 cm일까요?

(57 cm)

풀이 변 ㄱㄴ과 변 ㄱㄷ의 길이가 같으므로
(변 ㄱㄷ)=(변 ㄱㄴ)=15 cm입니다.
➡ (삼각형 ㄱㄴㄷ의 세 변의 길이의 합)
=15+27+15=57(cm)

32쪽
5 삼각형 ㄹㅁㅂ은 이등변삼각형입니다. 삼각형 ㄹㅁㅂ의 세 변의 길이의 합은 몇 cm일까요?

(60 cm)

풀이 변 ㄹㅁ과 변 ㅂㅁ의 길이가 같으므로
(변 ㅂㅁ)=(변 ㄹㅁ)=18 cm입니다.
➡ (삼각형 ㄹㅁㅂ의 세 변의 길이의 합)
=18+18+24=60(cm)

36쪽
6 삼각형 ㅅㅇㅈ은 이등변삼각형입니다. 각 ㅇㅈㅅ의 크기를 구해 보세요.

(55°)

풀이 삼각형의 세 각의 크기의 합은 180°이므로
(각 ㅇㅅㅈ)+(각 ㅇㅈㅅ)
=180°-70°=110°입니다.
각 ㅇㅅㅈ과 각 ㅇㅈㅅ은 크기가 같으므로
(각 ㅇㅈㅅ)=110°÷2=55°입니다.

36쪽
7 삼각형 ㅊㅋㅌ은 이등변삼각형입니다. 각 ㅊㅋㅌ의 크기를 구해 보세요.

(120°)

풀이 각 ㅋㅊㅌ과 각 ㅋㅌㅊ은 크기가 같으므로
(각 ㅋㅌㅊ)=(각 ㅋㅊㅌ)=30°입니다.
삼각형의 세 각의 크기의 합은 180°이므로
(각 ㅊㅋㅌ)=180°-30°-30°=120° 입니다.

8 32쪽 34쪽 **도전 문제**

정삼각형 가와 이등변삼각형 나의 세 변의 길이의 합은 같습니다. 정삼각형 가의 한 변의 길이는 몇 cm일까요?

가 나 7 cm 4 cm

❶ 이등변삼각형 나의 세 변의 길이의 합
→ (18 cm)

❷ 정삼각형 가의 한 변의 길이
→ (6 cm)

풀이 ❶ 나의 나머지 한 변의 길이는 7 cm이므로
(나의 세 변의 길이의 합)
=7+4+7=18(cm)입니다.
❷ (가의 세 변의 길이의 합)=18 cm이므로
(가의 한 변의 길이)=18÷3=6(cm)입니다.

3 소수의 덧셈과 뺄셈

42-43쪽

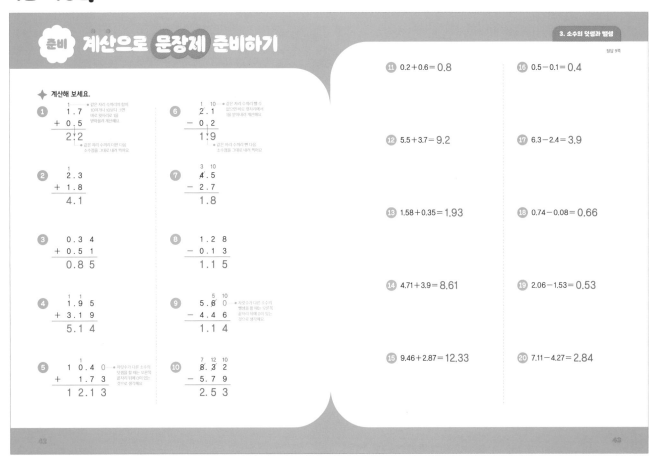

정답 9쪽

준비 계산으로 문장제 준비하기

◆ 계산해 보세요.

①
```
    1
  1 . 7
+ 0 . 5
-------
  2 . 2
```
※ 같은 자리 수끼리의 합이 10이거나 10보다 크면 바로 윗자리로 1을 받아올려 계산해요.
※ 같은 자리 수끼리가 다른 소수점을 그대로 내려 써야 해요.

②
```
    1
  2 . 3
+ 1 . 8
-------
  4 . 1
```

③
```
  0 . 3 4
+ 0 . 5 1
---------
  0 . 8 5
```

④
```
    1  1
  1 . 9 5
+ 3 . 1 9
---------
  5 . 1 4
```

⑤
```
    1
1 0 . 4 0
+   1 . 7 3
-----------
1 2 . 1 3
```
※ 자릿수가 다른 소수의 덧셈을 할 때는 오른쪽 끝자리 뒤에 0이 있는 것으로 생각해요.

⑥
```
    1  10
  2 . 1
- 0 . 2
-------
  1 . 9
```
※ 같은 자리 수끼리 뺄 수 없으면 바로 윗자리에서 1을 받아내림해요.
※ 같은 자리 수끼리 뺀 나머지 소수점을 그대로 내려 써야 해요.

⑦
```
  3  10
  4 . 5
- 2 . 7
-------
  1 . 8
```

⑧
```
  1 . 2 8
- 0 . 1 3
---------
  1 . 1 5
```

⑨
```
  5  10
  5 . 6 0
- 4 . 4 6
---------
  1 . 1 4
```
※ 자릿수가 다른 소수의 뺄셈을 할 때는 오른쪽 끝자리 뒤에 0이 있는 것으로 생각해요.

⑩
```
  7  12  10
  8 . 3 2
- 5 . 7 9
---------
  2 . 5 3
```

⑪ 0.2 + 0.6 = 0.8

⑯ 0.5 − 0.1 = 0.4

⑫ 5.5 + 3.7 = 9.2

⑰ 6.3 − 2.4 = 3.9

⑬ 1.58 + 0.35 = 1.93

⑱ 0.74 − 0.08 = 0.66

⑭ 4.71 + 3.9 = 8.61

⑲ 2.06 − 1.53 = 0.53

⑮ 9.46 + 2.87 = 12.33

⑳ 7.11 − 4.27 = 2.84

44-45쪽

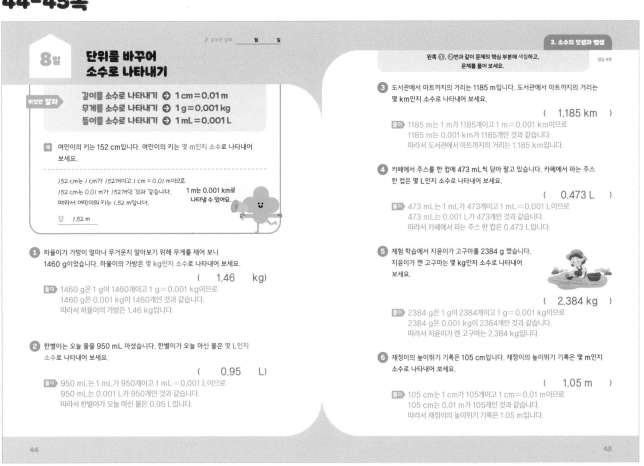

정답 9쪽

8일 단위를 바꾸어 소수로 나타내기

이것만 알자

길이를 소수로 나타내기 ➡ 1 cm = 0.01 m
무게를 소수로 나타내기 ➡ 1 g = 0.001 kg
들이를 소수로 나타내기 ➡ 1 mL = 0.001 L

예 여민이의 키는 152 cm입니다. 여민이의 키는 몇 m인지 소수로 나타내어 보세요.

152 cm는 1 cm가 152개이고 1 cm = 0.01 m이므로
152 cm는 0.01 m가 152개인 것과 같습니다.
따라서 여민이의 키는 1.52 m입니다.

1 m는 0.001 km로 나타낼 수 있어요.

답 1.52 m

① 하율이가 가방이 얼마나 무거운지 알아보기 위해 무게를 재어 보니 1460 g이었습니다. 하율이의 가방은 몇 kg인지 소수로 나타내어 보세요.

(1.46 kg)

풀이 1460 g은 1 g이 1460개이고 1 g = 0.001 kg이므로
1460 g은 0.001 kg이 1460개인 것과 같습니다.
따라서 하율이의 가방은 1.46 kg입니다.

② 한별이는 오늘 물을 950 mL 마셨습니다. 한별이가 오늘 마신 물은 몇 L인지 소수로 나타내어 보세요.

(0.95 L)

풀이 950 mL는 1 mL가 950개이고 1 mL = 0.001 L이므로
950 mL는 0.001 L가 950개인 것과 같습니다.
따라서 한별이가 오늘 마신 물은 0.95 L입니다.

왼쪽 ①, ②번과 같이 문제의 핵심 부분에 색칠하고, 문제를 풀어 보세요.

③ 도서관에서 마트까지의 거리는 1185 m입니다. 도서관에서 마트까지의 거리는 몇 km인지 소수로 나타내어 보세요.

(1.185 km)

풀이 1185 m는 1 m가 1185개이고 1 m = 0.001 km이므로
1185 m는 0.001 km가 1185개인 것과 같습니다.
따라서 도서관에서 마트까지의 거리는 1.185 km입니다.

④ 카페에서 주스를 한 컵에 473 mL씩 담아 팔고 있습니다. 카페에서 파는 주스 한 컵은 몇 L인지 소수로 나타내어 보세요.

(0.473 L)

풀이 473 mL는 1 mL가 473개이고 1 mL = 0.001 L이므로
473 mL는 0.001 L가 473개인 것과 같습니다.
따라서 카페에서 파는 주스 한 컵은 0.473 L입니다.

⑤ 체험 학습에서 지윤이가 고구마를 2384 g 캤습니다. 지윤이가 캔 고구마는 몇 kg인지 소수로 나타내어 보세요.

(2.384 kg)

풀이 2384 g은 1 g이 2384개이고 1 g = 0.001 kg이므로
2384 g은 0.001 kg이 2384개인 것과 같습니다.
따라서 지윤이가 캔 고구마는 2.384 kg입니다.

⑥ 재정이의 높이뛰기 기록은 105 cm입니다. 재정이의 높이뛰기 기록은 몇 m인지 소수로 나타내어 보세요.

(1.05 m)

풀이 105 cm는 1 cm가 105개이고 1 cm = 0.01 m이므로
105 cm는 0.01 m가 105개인 것과 같습니다.
따라서 재정이의 높이뛰기 기록은 1.05 m입니다.

3 소수의 덧셈과 뺄셈

46-47쪽

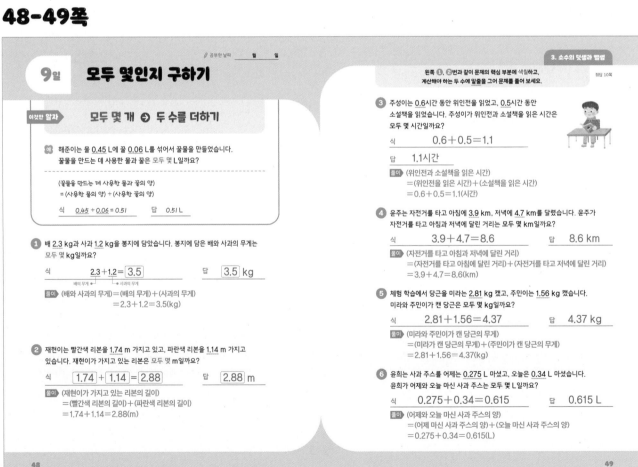

8일 더 많은(적은) 것 구하기

정답 10쪽

3. 소수의 덧셈과 뺄셈

왼쪽 ①, ②번과 같이 문제의 핵심 부분에 색칠하고,
비교해야 하는 두 수에 밑줄을 그어 문제를 풀어 보세요.

이것만 알자
더 많은 것은? ➡ 높은 자리의 수가 더 큰 수 찾기
더 적은 것은? ➡ 높은 자리의 수가 더 작은 수 찾기

예 딸기를 형주는 0.78 kg 땄고, 선호는 0.762 kg 땄습니다.
형주와 선호 중에서 딸기를 더 많이 딴 사람은 누구일까요?

소수 둘째 자리 수를 비교하면 8>6이므로 0.78>0.762입니다.
따라서 딸기를 더 많이 딴 사람은 형주입니다.

답 형주

① 이지는 부모님과 함께 담벼락에 페인트를 칠했습니다. 파란색 페인트는 1.45 L
사용했고, 흰색 페인트는 1.85 L 사용했다면 파란색 페인트와 흰색 페인트 중에서
더 많이 사용한 페인트는 무슨 색 페인트일까요?

(흰색 페인트)

풀이 소수 첫째 자리 수를 비교하면 4<8이므로 1.45<1.85입니다.
따라서 더 많이 사용한 페인트는 흰색 페인트입니다.

② 다현이네 집에서 학교까지의 거리는 1.13 km이고, 공원까지의 거리는
1.09 km입니다. 학교와 공원 중에서 다현이네 집에서 더 가까운 곳은 어디일까요?

(공원)

풀이 소수 첫째 자리 수를 비교하면 1>0이므로 1.13>1.09입니다.
따라서 다현이네 집에서 더 가까운 곳은 공원입니다.

③ 해인이의 키는 1.48 m이고, 우석이의 키는 1.46 m입니다. 해인이와 우석이 중에서
키가 더 큰 사람은 누구일까요?

(해인)

풀이 소수 둘째 자리 수를 비교하면 8>6이므로 1.48>1.46입니다.
따라서 키가 더 큰 사람은 해인이입니다.

④ 100 m를 달리는 데 나희는 17.39초 걸렸고, 유나는
17.55초 걸렸습니다. 나희와 유나 중에서 100 m를
달리는 데 더 오래 걸린 사람은 누구일까요?

(유나)

풀이 소수 첫째 자리 수를 비교하면 3<5이므로 17.39<17.55입니다.
따라서 100 m를 달리는 데 더 오래 걸린 사람은 유나입니다.

⑤ 찬우는 오늘 우유를 0.725 L 마셨고, 물을 1.012 L 마셨습니다. 우유와 물 중에서
더 많이 마신 것은 무엇일까요?

(물)

풀이 일의 자리 수를 비교하면 0<1이므로 0.725<1.012입니다.
따라서 더 많이 마신 것은 물입니다.

⑥ 1 km를 가는 데 휘발유를 가 자동차는 12.192 L 사용하고, 나 자동차는 12.19 L
사용합니다. 가 자동차와 나 자동차 중에서 1 km를 가는 데 휘발유를 더 적게
사용하는 자동차는 어느 자동차일까요?

(나 자동차)

풀이 12.19=12.190이므로 소수 셋째 자리 수를 비교하면
2>0에서 12.192>12.19입니다.
따라서 1 km를 가는 데 휘발유를 더 적게 사용하는 자동차는 나 자동차입니다.

46 / 47

48-49쪽

✎ 공부한 날짜 ___월 ___일

9일 모두 몇인지 구하기

3. 소수의 덧셈과 뺄셈

왼쪽 ①, ②번과 같이 문제의 핵심 부분에 색칠하고,
계산해야 하는 두 수에 밑줄을 그어 문제를 풀어 보세요.

정답 10쪽

이것만 알자
모두 몇 개 ➡ 두 수를 더하기

예 해준이는 물 0.45 L에 꿀 0.06 L를 섞어서 꿀물을 만들었습니다.
꿀물을 만드는 데 사용한 물과 꿀은 모두 몇 L일까요?

(꿀물을 만드는 데 사용한 물과 꿀의 양)
=(사용한 물의 양)+(사용한 꿀의 양)

식 0.45+0.06=0.51   답 0.51 L

① 배 2.3 kg과 사과 1.2 kg을 봉지에 담았습니다. 봉지에 담은 배와 사과의 무게는
모두 몇 kg일까요?

식 2.3+1.2= 3.5   답 3.5 kg
___배의 무게___ ___사과의 무게___

풀이 (배와 사과의 무게)=(배의 무게)+(사과의 무게)
=2.3+1.2=3.5(kg)

② 재현이는 빨간색 리본을 1.74 m 가지고 있고, 파란색 리본을 1.14 m 가지고
있습니다. 재현이가 가지고 있는 리본은 모두 몇 m일까요?

식 1.74 + 1.14 = 2.88   답 2.88 m

풀이 (재현이가 가지고 있는 리본의 길이)
=(빨간색 리본의 길이)+(파란색 리본의 길이)
=1.74+1.14=2.88(m)

③ 주성이는 0.6시간 동안 위인전을 읽었고, 0.5시간 동안
소설책을 읽었습니다. 주성이가 위인전과 소설책을 읽은 시간은
모두 몇 시간일까요?

식 0.6+0.5=1.1

답 1.1시간

풀이 (위인전과 소설책을 읽은 시간)
=(위인전을 읽은 시간)+(소설책을 읽은 시간)
=0.6+0.5=1.1(시간)

④ 윤주는 자전거를 타고 아침에 3.9 km, 저녁에 4.7 km를 달렸습니다. 윤주가
자전거를 타고 아침과 저녁에 달린 거리는 모두 몇 km일까요?

식 3.9+4.7=8.6   답 8.6 km

풀이 (자전거를 타고 아침과 저녁에 달린 거리)
=(자전거를 타고 아침에 달린 거리)+(자전거를 타고 저녁에 달린 거리)
=3.9+4.7=8.6(km)

⑤ 체험 학습에서 당근을 미라는 2.81 kg 캤고, 주민이는 1.56 kg 캤습니다.
미라와 주민이가 캔 당근은 모두 몇 kg일까요?

식 2.81+1.56=4.37   답 4.37 kg

풀이 (미라와 주민이가 캔 당근의 무게)
=(미라가 캔 당근의 무게)+(주민이가 캔 당근의 무게)
=2.81+1.56=4.37(kg)

⑥ 윤희는 사과 주스를 어제는 0.275 L 마셨고, 오늘은 0.34 L 마셨습니다.
윤희가 어제와 오늘 마신 사과 주스는 모두 몇 L일까요?

식 0.275+0.34=0.615   답 0.615 L

풀이 (어제와 오늘 마신 사과 주스의 양)
=(어제 마신 사과 주스의 양)+(오늘 마신 사과 주스의 양)
=0.275+0.34=0.615(L)

48 / 49

10

50-51쪽

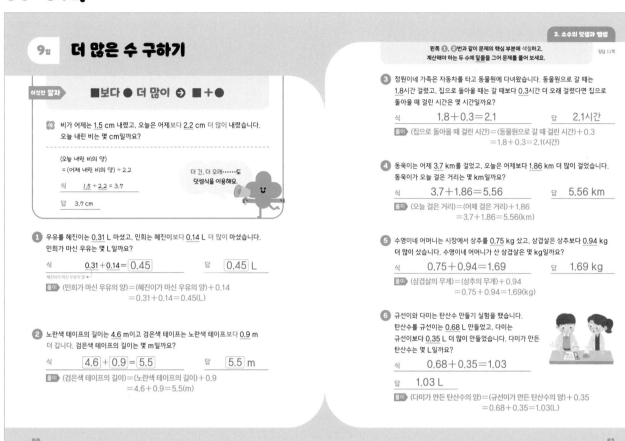

9일 더 많은 수 구하기

이것만 알자   ■보다 ● 더 많이 ➡ ■+●

예 비가 어제는 1.5 cm 내렸고, 오늘은 어제보다 2.2 cm 더 많이 내렸습니다. 오늘 내린 비는 몇 cm일까요?

(오늘 내린 비의 양)
= (어제 내린 비의 양) + 2.2

더 긴, 더 오래……도 덧셈식을 이용해요.

식   1.5 + 2.2 = 3.7

답   3.7 cm

① 우유를 혜진이는 0.31 L 마셨고, 민희는 혜진이보다 0.14 L 더 많이 마셨습니다. 민희가 마신 우유는 몇 L일까요?

식   0.31 + 0.14 = 0.45   답   0.45 L

혜진이가 마신 우유의 양

풀이 (민희가 마신 우유의 양) = (혜진이가 마신 우유의 양) + 0.14
= 0.31 + 0.14 = 0.45(L)

② 노란색 테이프의 길이는 4.6 m이고 검은색 테이프는 노란색 테이프보다 0.9 m 더 깁니다. 검은색 테이프의 길이는 몇 m일까요?

식   4.6 + 0.9 = 5.5   답   5.5 m

풀이 (검은색 테이프의 길이) = (노란색 테이프의 길이) + 0.9
= 4.6 + 0.9 = 5.5(m)

왼쪽 ①, ②번과 같이 문제의 핵심 부분에 색칠하고, 계산해야 하는 두 수에 밑줄을 그어 문제를 풀어 보세요.

정답 11쪽

③ 정원이네 가족은 자동차를 타고 동물원에 다녀왔습니다. 동물원으로 갈 때는 1.8시간 걸렸고, 집으로 돌아올 때는 갈 때보다 0.3시간 더 오래 걸렸다면 집으로 돌아올 때 걸린 시간은 몇 시간일까요?

식   1.8 + 0.3 = 2.1   답   2.1시간

풀이 (집으로 돌아올 때 걸린 시간) = (동물원으로 갈 때 걸린 시간) + 0.3
= 1.8 + 0.3 = 2.1(시간)

④ 동욱이는 어제 3.7 km를 걸었고, 오늘은 어제보다 1.86 km 더 많이 걸었습니다. 동욱이가 오늘 걸은 거리는 몇 km일까요?

식   3.7 + 1.86 = 5.56   답   5.56 km

풀이 (오늘 걸은 거리) = (어제 걸은 거리) + 1.86
= 3.7 + 1.86 = 5.56(km)

⑤ 수영이네 어머니는 시장에서 상추를 0.75 kg 샀고, 삼겹살은 상추보다 0.94 kg 더 많이 샀습니다. 수영이네 어머니가 산 삼겹살은 몇 kg일까요?

식   0.75 + 0.94 = 1.69   답   1.69 kg

풀이 (삼겹살의 무게) = (상추의 무게) + 0.94
= 0.75 + 0.94 = 1.69(kg)

⑥ 규선이와 다미는 탄산수 만들기 실험을 했습니다. 탄산수를 규선이는 0.68 L 만들었고, 다미는 규선이보다 0.35 L 더 많이 만들었습니다. 다미가 만든 탄산수는 몇 L일까요?

식   0.68 + 0.35 = 1.03

답   1.03 L

풀이 (다미가 만든 탄산수의 양) = (규선이가 만든 탄산수의 양) + 0.35
= 0.68 + 0.35 = 1.03(L)

50   51

52-53쪽

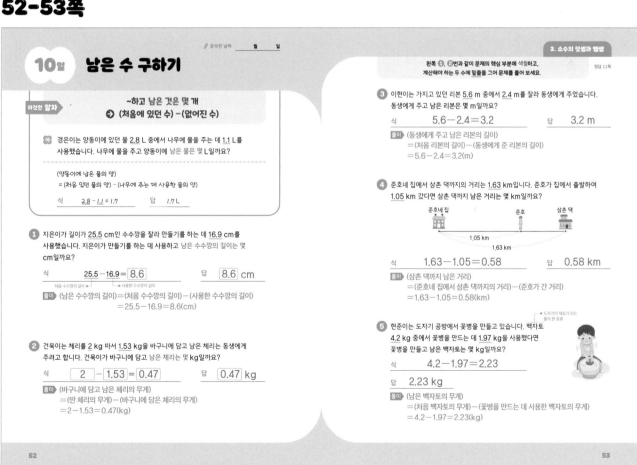

10일 남은 수 구하기

✎ 공부한 날짜   월   일

이것만 알자   ~하고 남은 것은 몇 개
➡ (처음에 있던 수) − (없어진 수)

예 경은이는 양동이에 있던 물 2.8 L 중에서 나무에 물을 주는 데 1.1 L를 사용했습니다. 나무에 물을 주고 양동이에 남은 물은 몇 L일까요?

(양동이에 남은 물의 양)
= (처음 있던 물의 양) − (나무에 주는 데 사용한 물의 양)

식   2.8 − 1.1 = 1.7   답   1.7 L

① 지은이가 길이가 25.5 cm인 수수깡을 잘라 만들기를 하는 데 16.9 cm를 사용했습니다. 지은이가 만들기를 하는 데 사용하고 남은 수수깡의 길이는 몇 cm일까요?

식   25.5 − 16.9 = 8.6   답   8.6 cm

처음 수수깡의 길이   사용한 수수깡의 길이

풀이 (남은 수수깡의 길이) = (처음 수수깡의 길이) − (사용한 수수깡의 길이)
= 25.5 − 16.9 = 8.6(cm)

② 건욱이는 체리를 2 kg 따서 1.53 kg을 바구니에 담고 남은 체리는 동생에게 주려고 합니다. 건욱이가 바구니에 담고 남은 체리는 몇 kg일까요?

식   2 − 1.53 = 0.47   답   0.47 kg

풀이 (바구니에 담고 남은 체리의 무게)
= (딴 체리의 무게) − (바구니에 담은 체리의 무게)
= 2 − 1.53 = 0.47(kg)

왼쪽 ①, ②번과 같이 문제의 핵심 부분에 색칠하고, 계산해야 하는 두 수에 밑줄을 그어 문제를 풀어 보세요.

정답 11쪽

③ 이현이는 가지고 있던 리본 5.6 m 중에서 2.4 m를 잘라 동생에게 주었습니다. 동생에게 주고 남은 리본은 몇 m일까요?

식   5.6 − 2.4 = 3.2   답   3.2 m

풀이 (동생에게 주고 남은 리본의 길이)
= (처음 리본의 길이) − (동생에게 준 리본의 길이)
= 5.6 − 2.4 = 3.2(m)

④ 준호네 집에서 삼촌 댁까지의 거리는 1.63 km입니다. 준호가 집에서 출발하여 1.05 km 갔다면 삼촌 댁까지 남은 거리는 몇 km일까요?

준호네 집   준호   삼촌 댁

1.05 km
1.63 km

식   1.63 − 1.05 = 0.58   답   0.58 km

풀이 (삼촌 댁까지 남은 거리)
= (준호네 집에서 삼촌 댁까지의 거리) − (준호가 간 거리)
= 1.63 − 1.05 = 0.58(km)

⑤ 현준이는 도자기 공방에서 꽃병을 만들고 있습니다. 백자토 4.2 kg 중에서 꽃병을 만드는 데 1.97 kg을 사용했다면 꽃병을 만들고 남은 백자토는 몇 kg일까요?

도자기의 재료가 되는 흙의 한 종류

식   4.2 − 1.97 = 2.23

답   2.23 kg

풀이 (남은 백자토의 무게)
= (처음 백자토의 무게) − (꽃병을 만드는 데 사용한 백자토의 무게)
= 4.2 − 1.97 = 2.23(kg)

52   53

11

3 소수의 덧셈과 뺄셈

54-55쪽

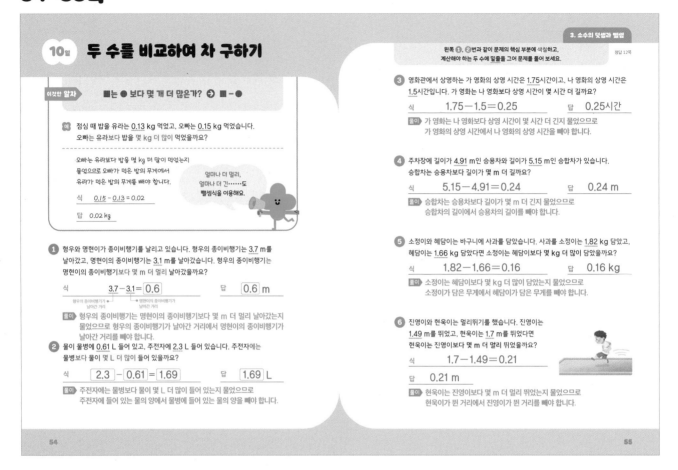

10일 두 수를 비교하여 차 구하기

이것만 알자 ▦는 ● 보다 몇 개 더 많은가? ➡ ▦ ─ ●

예 점심 때 밥을 유라는 0.13 kg 먹었고, 오빠는 0.15 kg 먹었습니다.
오빠는 유라보다 밥을 몇 kg 더 많이 먹었을까요?

오빠는 유라보다 밥을 몇 kg 더 많이 먹었는지
물었으므로 오빠가 먹은 밥의 무게에서
유라가 먹은 밥의 무게를 빼야 합니다.

얼마나 더 멀리,
얼마나 더 긴……도
뺄셈식을 이용해요.

식 0.15 ─ 0.13 = 0.02

답 0.02 kg

1 형우와 명현이가 종이비행기를 날리고 있습니다. 형우의 종이비행기는 3.7 m를
날아갔고, 명현이의 종이비행기는 3.1 m를 날아갔습니다. 형우의 종이비행기는
명현이의 종이비행기보다 몇 m 더 멀리 날아갔을까요?

식 3.7 ─ 3.1 = 0.6   답 0.6 m

형우의 종이비행기가 / 명현이의 종이비행기가
날아간 거리 / 날아간 거리

풀이 형우의 종이비행기는 명현이의 종이비행기보다 몇 m 더 멀리 날아갔는지
물었으므로 형우의 종이비행기가 날아간 거리에서 명현이의 종이비행기가
날아간 거리를 빼야 합니다.

2 물이 물병에 0.61 L 들어 있고, 주전자에 2.3 L 들어 있습니다. 주전자에는
물병보다 물이 몇 L 더 많이 들어 있을까요?

식 2.3 ─ 0.61 = 1.69   답 1.69 L

풀이 주전자에는 물병보다 물이 몇 L 더 많이 들어 있는지 물었으므로
주전자에 들어 있는 물의 양에서 물병에 들어 있는 물의 양을 빼야 합니다.

54

---

3. 소수의 덧셈과 뺄셈   정답 12쪽

왼쪽 ❶, ❷번과 같이 문제의 핵심 부분에 색칠하고,
계산해야 하는 두 수에 밑줄을 그어 문제를 풀어 보세요.

3 영화관에서 상영하는 가 영화의 상영 시간은 1.75시간이고, 나 영화의 상영 시간은
1.5시간입니다. 가 영화는 나 영화보다 상영 시간이 몇 시간 더 길까요?

식 1.75 ─ 1.5 = 0.25   답 0.25시간

풀이 가 영화는 나 영화보다 상영 시간이 몇 시간 더 긴지 물었으므로
가 영화의 상영 시간에서 나 영화의 상영 시간을 빼야 합니다.

4 주차장에 길이가 4.91 m인 승용차와 길이가 5.15 m인 승합차가 있습니다.
승합차는 승용차보다 길이가 몇 m 더 길까요?

식 5.15 ─ 4.91 = 0.24   답 0.24 m

풀이 승합차는 승용차보다 길이가 몇 m 더 긴지 물었으므로
승합차의 길이에서 승용차의 길이를 빼야 합니다.

5 소정이와 혜담이는 바구니에 사과를 담았습니다. 사과를 소정이는 1.82 kg 담았고,
혜담이는 1.66 kg 담았다면 소정이는 혜담이보다 몇 kg 더 많이 담았을까요?

식 1.82 ─ 1.66 = 0.16   답 0.16 kg

풀이 소정이는 혜담이보다 몇 kg 더 많이 담았는지 물었으므로
소정이가 담은 무게에서 혜담이가 담은 무게를 빼야 합니다.

6 진영이와 현욱이는 멀리뛰기를 했습니다. 진영이는
1.49 m를 뛰었고, 현욱이는 1.7 m를 뛰었다면
현욱이는 진영이보다 몇 m 더 멀리 뛰었을까요?

식 1.7 ─ 1.49 = 0.21

답 0.21 m

풀이 현욱이는 진영이보다 몇 m 더 멀리 뛰었는지 물었으므로
현욱이가 뛴 거리에서 진영이가 뛴 거리를 빼야 합니다.

55

56-57쪽

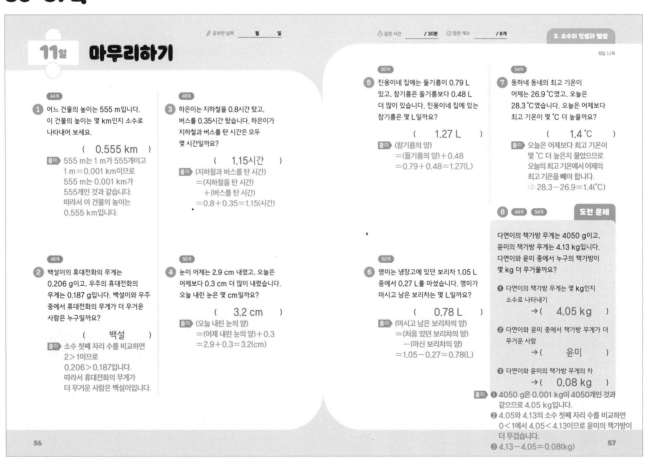

11일 마무리하기

📝 공부한 날짜 월 일   ⏱ 걸린 시간 / 30분   ✅ 맞은 개수 / 8개   **3. 소수의 덧셈과 뺄셈**

정답 12쪽

44쪽
1 어느 건물의 높이는 555 m입니다.
이 건물의 높이는 몇 km인지 소수로
나타내어 보세요.

(0.555 km)

풀이 555 m는 1 m가 555개이고
1 m = 0.001 km이므로
555 m는 0.001 km가
555개인 것과 같습니다.
따라서 이 건물의 높이는
0.555 km입니다.

46쪽
2 백설이의 휴대전화의 무게는
0.206 g이고, 우주의 휴대전화의
무게는 0.187 g입니다. 백설이와 우주
중에서 휴대전화의 무게가 더 무거운
사람은 누구일까요?

(백설)

풀이 소수 첫째 자리 수를 비교하면
2>1이므로
0.206>0.187입니다.
따라서 휴대전화의 무게가
더 무거운 사람은 백설이입니다.

48쪽
3 하은이는 지하철을 0.8시간 탔고,
버스를 0.35시간 탔습니다. 하은이가
지하철과 버스를 탄 시간은 모두
몇 시간일까요?

(1.15시간)

풀이 (지하철과 버스를 탄 시간)
= (지하철을 탄 시간)
+ (버스를 탄 시간)
= 0.8 + 0.35 = 1.15(시간)

50쪽
4 눈이 어제는 2.9 cm 내렸고, 오늘은
어제보다 0.3 cm 더 많이 내렸습니다.
오늘 내린 눈은 몇 cm일까요?

(3.2 cm)

풀이 (오늘 내린 눈의 양)
= (어제 내린 눈의 양) + 0.3
= 2.9 + 0.3 = 3.2(cm)

50쪽
5 진웅이네 집에는 들기름이 0.79 L
있고, 참기름은 들기름보다 0.48 L
더 많이 있습니다. 진웅이네 집에 있는
참기름은 몇 L일까요?

(1.27 L)

풀이 (참기름의 양)
= (들기름의 양) + 0.48
= 0.79 + 0.48 = 1.27(L)

52쪽
6 영미는 냉장고에 있던 보리차 1.05 L
중에서 0.27 L를 마셨습니다. 영미가
마시고 남은 보리차는 몇 L일까요?

(0.78 L)

풀이 (마시고 남은 보리차의 양)
= (처음 있던 보리차의 양)
─ (마신 보리차의 양)
= 1.05 ─ 0.27 = 0.78(L)

54쪽
7 동하네 동네의 최고 기온이
어제는 26.9 ℃였고, 오늘은
28.3 ℃였습니다. 오늘은 어제보다
최고 기온이 몇 ℃ 더 높을까요?

(1.4 ℃)

풀이 오늘은 어제보다 최고 기온이
몇 ℃ 더 높은지 물었으므로
오늘의 최고기온에서 어제의
최고 기온을 빼야 합니다.
➡ 28.3 ─ 26.9 = 1.4(℃)

8 **44쪽** **54쪽**   **도전 문제**

다연이의 책가방 무게는 4050 g이고,
윤미의 책가방 무게는 4.13 kg입니다.
다연이와 윤미 중에서 누구의 책가방이
몇 kg 더 무거울까요?

❶ 다연이의 책가방 무게는 몇 kg인지
소수로 나타내기
➡ (4.05 kg)

❷ 다연이와 윤미 중에서 책가방 무게가 더
무거운 사람
➡ (윤미)

❸ 다연이와 윤미의 책가방 무게의 차
➡ (0.08 kg)

풀이 ❶ 4050 g은 0.001 kg이 4050개인 것과
같으므로 4.05 kg입니다.
❷ 4.05와 4.13의 소수 첫째 자리 수를 비교하면
0<1에서 4.05<4.13이므로 윤미의 책가방이
더 무겁습니다.
❸ 4.13 ─ 4.05 = 0.08(kg)

56   57

4 사각형

60-61쪽

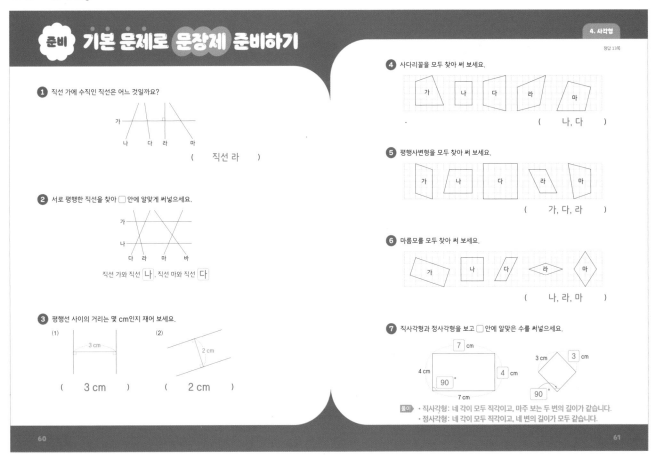

준비 기본 문제로 **문장제** 준비하기

정답 13쪽

1 직선 가에 수직인 직선은 어느 것일까요?

(직선 라)

2 서로 평행한 직선을 찾아 ☐ 안에 알맞게 써넣으세요.

직선 가와 직선 나 , 직선 마와 직선 다

3 평행선 사이의 거리는 몇 cm인지 재어 보세요.

(1) 3 cm   (2) 2 cm

(3 cm)   (2 cm)

4 사다리꼴을 모두 찾아 써 보세요.

가 나 다 라 마

(나, 다)

5 평행사변형을 모두 찾아 써 보세요.

가 나 다 라 마

(가, 다, 라)

6 마름모를 모두 찾아 써 보세요.

가 나 다 라 마

(나, 라, 마)

7 직사각형과 정사각형을 보고 ☐ 안에 알맞은 수를 써넣으세요.

7 cm 4 cm 90° 4 cm 7 cm   3 cm 3 cm 90°

풀이 • 직사각형: 네 각이 모두 직각이고, 마주 보는 두 변의 길이가 같습니다.
• 정사각형: 네 각이 모두 직각이고, 네 변의 길이가 모두 같습니다.

62-63쪽

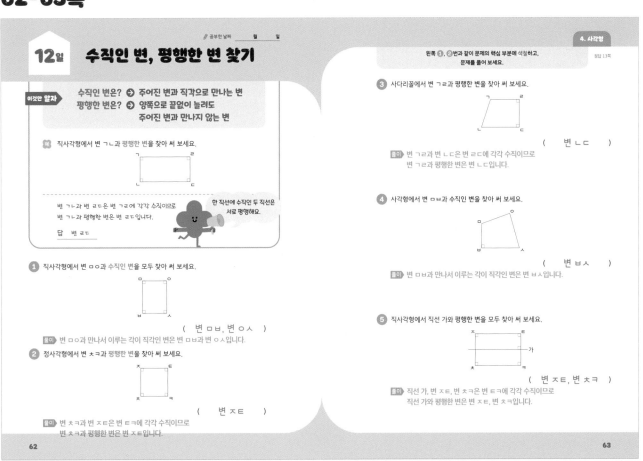

✎ 공부한 날짜   월   일

12일 **수직인 변, 평행한 변 찾기**

왼쪽 ❶, ❷번과 같이 문제의 핵심 부분에 색칠하고, 문제를 풀어 보세요.

정답 13쪽

이것만 알자 수직인 변은? ➡ 주어진 변과 직각으로 만나는 변
평행한 변은? ➡ 양쪽으로 끝없이 늘려도 주어진 변과 만나지 않는 변

예 직사각형에서 변 ㄱㄴ과 평행한 변을 찾아 써 보세요.

변 ㄱㄴ과 변 ㄹㄷ은 변 ㄱㄹ에 각각 수직이므로
변 ㄱㄴ과 평행한 변은 변 ㄹㄷ입니다.

한 직선에 수직인 두 직선은 서로 평행해요.

답 변 ㄹㄷ

1 직사각형에서 변 ㅁㅇ과 수직인 변을 모두 찾아 써 보세요.

(변 ㅁㅂ, 변 ㅇㅅ)

풀이 변 ㅁㅇ과 만나서 이루는 각이 직각인 변은 변 ㅁㅂ과 변 ㅇㅅ입니다.

2 정사각형에서 변 ㅊㅋ과 평행한 변을 찾아 써 보세요.

(변 ㅈㅌ)

풀이 변 ㅊㅋ과 변 ㅈㅌ은 변 ㅌㅋ에 각각 수직이므로
변 ㅊㅋ과 평행한 변은 변 ㅈㅌ입니다.

3 사다리꼴에서 변 ㄱㄹ과 평행한 변을 찾아 써 보세요.

(변 ㄴㄷ)

풀이 변 ㄱㄹ과 변 ㄴㄷ은 변 ㄹㄷ에 각각 수직이므로
변 ㄱㄹ과 평행한 변은 변 ㄴㄷ입니다.

4 사각형에서 변 ㅁㅂ과 수직인 변을 찾아 써 보세요.

(변 ㅂㅅ)

풀이 변 ㅁㅂ과 만나서 이루는 각이 직각인 변은 변 ㅂㅅ입니다.

5 직사각형에서 직선 가와 평행한 변을 모두 찾아 써 보세요.

(변 ㅈㅌ, 변 ㅊㅋ)

풀이 직선 가, 변 ㅈㅌ, 변 ㅊㅋ은 변 ㅌㅋ에 각각 수직이므로
직선 가와 평행한 변은 변 ㅈㅌ, 변 ㅊㅋ입니다.

4 사각형

64-65쪽

12일 평행선 사이의 거리 구하기

이것만 알자 평행선 사이의 거리는?
➡ 평행선 사이의 선분 중 평행선에 수직인 선분의 길이

예 도형에서 평행선 사이의 거리는 몇 cm일까요?

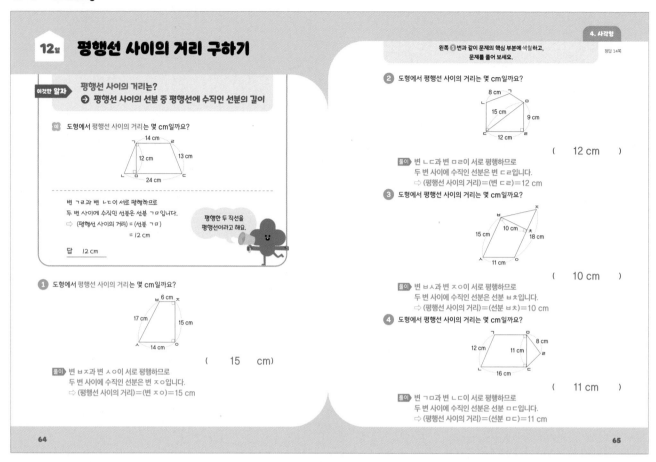

변 ㄱㄹ과 변 ㄴㄷ이 서로 평행하므로
두 변 사이에 수직인 선분은 선분 ㄱㅁ입니다.
➡ (평행선 사이의 거리) = (선분 ㄱㅁ)
= 12 cm

평행한 두 직선을 평행선이라고 해요.

답 12 cm

1 도형에서 평행선 사이의 거리는 몇 cm일까요?

(15 cm)

풀이 변 ㅂㅈ과 변 ㅅㅇ이 서로 평행하므로
두 변 사이에 수직인 선분은 변 ㅈㅇ입니다.
➡ (평행선 사이의 거리) = (변 ㅈㅇ) = 15 cm

왼쪽 **1**번과 같이 문제의 핵심 부분에 색칠하고, 문제를 풀어 보세요. 정답 14쪽

2 도형에서 평행선 사이의 거리는 몇 cm일까요?

(12 cm)

풀이 변 ㄴㄷ과 변 ㅁㄹ이 서로 평행하므로
두 변 사이에 수직인 선분은 변 ㄷㄹ입니다.
➡ (평행선 사이의 거리) = (변 ㄷㄹ) = 12 cm

3 도형에서 평행선 사이의 거리는 몇 cm일까요?

(10 cm)

풀이 변 ㅂㅅ과 변 ㅈㅇ이 서로 평행하므로
두 변 사이에 수직인 선분은 선분 ㅂㅊ입니다.
➡ (평행선 사이의 거리) = (선분 ㅂㅊ) = 10 cm

4 도형에서 평행선 사이의 거리는 몇 cm일까요?

(11 cm)

풀이 변 ㄱㅁ과 변 ㄴㄷ이 서로 평행하므로
두 변 사이에 수직인 선분은 선분 ㅁㄷ입니다.
➡ (평행선 사이의 거리) = (선분 ㅁㄷ) = 11 cm

66-67쪽

✏ 공부한 날짜   월   일

13일 사각형의 네 변의 길이의 합 구하기

이것만 알자 직사각형(평행사변형)의 네 변의 길이의 합은?
➡ 이웃한 두 변의 길이를 각각 2번씩 더하기
정사각형(마름모)의 네 변의 길이의 합은?
➡ 한 변의 길이를 4번 더하기

예 평행사변형의 네 변의 길이의 합은 몇 cm일까요?

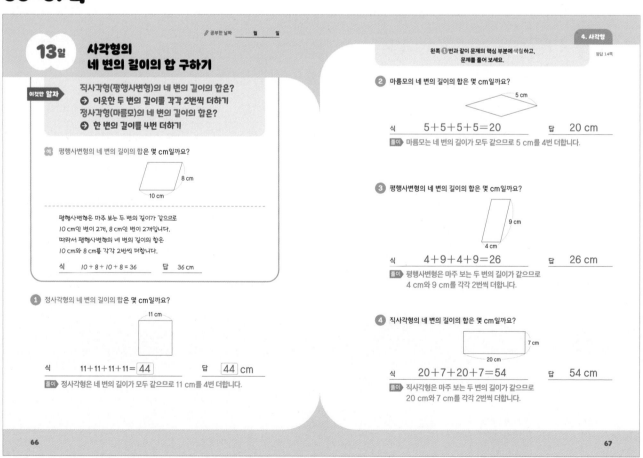

평행사변형은 마주 보는 두 변의 길이가 같으므로
10 cm인 변이 2개, 8 cm인 변이 2개입니다.
따라서 평행사변형의 네 변의 길이의 합은
10 cm와 8 cm를 각각 2번씩 더합니다.

식 10 + 8 + 10 + 8 = 36   답 36 cm

1 정사각형의 네 변의 길이의 합은 몇 cm일까요?

식 11 + 11 + 11 + 11 = 44   답 44 cm

풀이 정사각형은 네 변의 길이가 모두 같으므로 11 cm를 4번 더합니다.

왼쪽 **1**번과 같이 문제의 핵심 부분에 색칠하고, 문제를 풀어 보세요. 정답 14쪽

2 마름모의 네 변의 길이의 합은 몇 cm일까요?

식 5 + 5 + 5 + 5 = 20   답 20 cm

풀이 마름모는 네 변의 길이가 모두 같으므로 5 cm를 4번 더합니다.

3 평행사변형의 네 변의 길이의 합은 몇 cm일까요?

식 4 + 9 + 4 + 9 = 26   답 26 cm

풀이 평행사변형은 마주 보는 두 변의 길이가 같으므로
4 cm와 9 cm를 각각 2번씩 더합니다.

4 직사각형의 네 변의 길이의 합은 몇 cm일까요?

식 20 + 7 + 20 + 7 = 54   답 54 cm

풀이 직사각형은 마주 보는 두 변의 길이가 같으므로
20 cm와 7 cm를 각각 2번씩 더합니다.

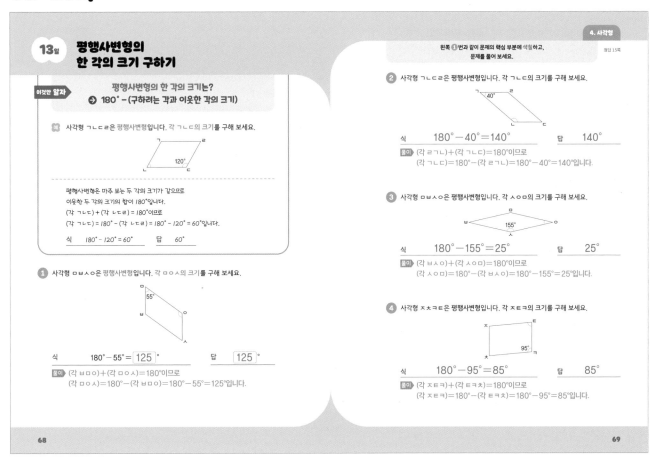

13일 평행사변형의 한 각의 크기 구하기

4. 사각형

이것만 알자

평행사변형의 한 각의 크기는?
➡ 180° − (구하려는 각과 이웃한 각의 크기)

예 사각형 ㄱㄴㄷㄹ은 평행사변형입니다. 각 ㄱㄴㄷ의 크기를 구해 보세요.

평행사변형은 마주 보는 두 각의 크기가 같으므로
이웃한 두 각의 크기의 합이 180°입니다.
(각 ㄱㄴㄷ) + (각 ㄴㄷㄹ) = 180°이므로
(각 ㄱㄴㄷ) = 180° − (각 ㄴㄷㄹ) = 180° − 120° = 60°입니다.

식 __180° − 120° = 60°__   답 __60°__

1 사각형 ㅁㅂㅅㅇ은 평행사변형입니다. 각 ㅁㅇㅅ의 크기를 구해 보세요.

식 __180° − 55° = 125 °__   답 __125 °__

풀이 (각 ㅂㅁㅇ) + (각 ㅁㅇㅅ) = 180°이므로
(각 ㅁㅇㅅ) = 180° − (각 ㅂㅁㅇ) = 180° − 55° = 125°입니다.

왼쪽 ❶번과 같이 문제의 핵심 부분에 색칠하고,
문제를 풀어 보세요.

정답 15쪽

2 사각형 ㄱㄴㄷㄹ은 평행사변형입니다. 각 ㄱㄴㄷ의 크기를 구해 보세요.

식 __180° − 40° = 140°__   답 __140°__

풀이 (각 ㄹㄱㄴ) + (각 ㄱㄴㄷ) = 180°이므로
(각 ㄱㄴㄷ) = 180° − (각 ㄹㄱㄴ) = 180° − 40° = 140°입니다.

3 사각형 ㅁㅂㅅㅇ은 평행사변형입니다. 각 ㅅㅇㅁ의 크기를 구해 보세요.

식 __180° − 155° = 25°__   답 __25°__

풀이 (각 ㅂㅅㅇ) + (각 ㅅㅇㅁ) = 180°이므로
(각 ㅅㅇㅁ) = 180° − (각 ㅂㅅㅇ) = 180° − 155° = 25°입니다.

4 사각형 ㅈㅊㅋㅌ은 평행사변형입니다. 각 ㅈㅊㅋ의 크기를 구해 보세요.

식 __180° − 95° = 85°__   답 __85°__

풀이 (각 ㅈㅊㅋ) + (각 ㅌㅋㅊ) = 180°이므로
(각 ㅈㅊㅋ) = 180° − (각 ㅌㅋㅊ) = 180° − 95° = 85°입니다.

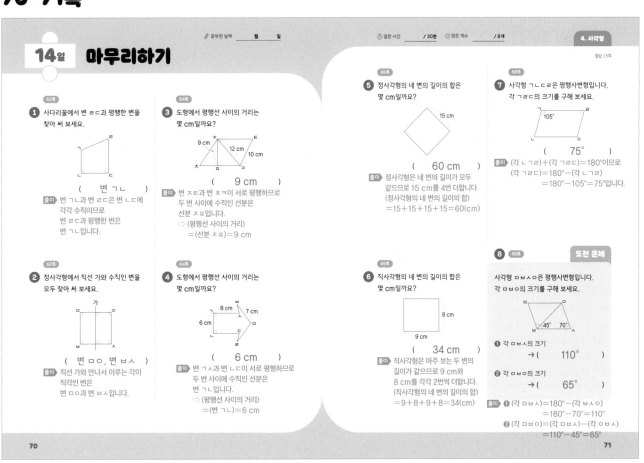

14일 마무리하기

공부한 날짜 __월 일__   걸린 시간 __/ 30분__   맞은 개수 __/ 8개__   4. 사각형

정답 15쪽

[62쪽]
1 사다리꼴에서 변 ㄹㄷ과 평행한 변을 찾아 써 보세요.

(변 ㄱㄴ)

풀이 변 ㄱㄴ과 변 ㄹㄷ은 변 ㄴㄷ에
각각 수직이므로
변 ㄹㄷ과 평행한 변은
변 ㄱㄴ입니다.

[62쪽]
2 정사각형에서 직선 가와 수직인 변을 모두 찾아 써 보세요.

(변 ㅁㅇ, 변 ㅂㅅ)

풀이 직선 가와 만나서 이루는 각이
직각인 변은
변 ㅁㅇ과 변 ㅂㅅ입니다.

[64쪽]
3 도형에서 평행선 사이의 거리는 몇 cm일까요?

(9 cm)

풀이 변 ㅈㅌ과 변 ㅊㅋ이 서로 평행하므로
두 변 사이에 수직인 선분은
선분 ㅈㅍ입니다.
➡ (평행선 사이의 거리)
= (선분 ㅈㅍ) = 9 cm

[64쪽]
4 도형에서 평행선 사이의 거리는 몇 cm일까요?

(6 cm)

풀이 변 ㄱㄱ과 변 ㄴㄷ이 서로 평행하므로
두 변 사이에 수직인 선분은
변 ㄱㄴ입니다.
➡ (평행선 사이의 거리)
= (변 ㄱㄴ) = 6 cm

[66쪽]
5 정사각형의 네 변의 길이의 합은 몇 cm일까요?

(60 cm)

풀이 정사각형은 네 변의 길이가 모두
같으므로 15 cm를 4번 더합니다.
(정사각형의 네 변의 길이의 합)
= 15 + 15 + 15 + 15 = 60(cm)

[66쪽]
6 직사각형의 네 변의 길이의 합은 몇 cm일까요?

(34 cm)

풀이 직사각형은 마주 보는 두 변의
길이가 같으므로 9 cm와
8 cm를 각각 2번씩 더합니다.
(직사각형의 네 변의 길이의 합)
= 9 + 8 + 9 + 8 = 34(cm)

[68쪽]
7 사각형 ㄱㄴㄷㄹ은 평행사변형입니다. 각 ㄱㄹㄷ의 크기를 구해 보세요.

(75°)

풀이 (각 ㄴㄱㄹ) + (각 ㄱㄹㄷ) = 180°이므로
(각 ㄱㄹㄷ) = 180° − (각 ㄴㄱㄹ)
= 180° − 105° = 75°입니다.

8 [68쪽]   **도전 문제**

사각형 ㅁㅂㅅㅇ은 평행사변형입니다.
각 ㅁㅂㅇ의 크기를 구해 보세요.

❶ 각 ㅁㅂㅅ의 크기
➡ (110°)

❷ 각 ㅁㅂㅇ의 크기
➡ (65°)

풀이 ❶ (각 ㅁㅂㅅ) = 180° − (각 ㅂㅅㅇ)
= 180° − 70° = 110°
❷ (각 ㅁㅂㅇ) = (각 ㅁㅂㅅ) − (각 ㅇㅂㅅ)
= 110° − 45° = 65°

5 꺾은선그래프

74-75쪽

준비 기본 문제로 문장제 준비하기

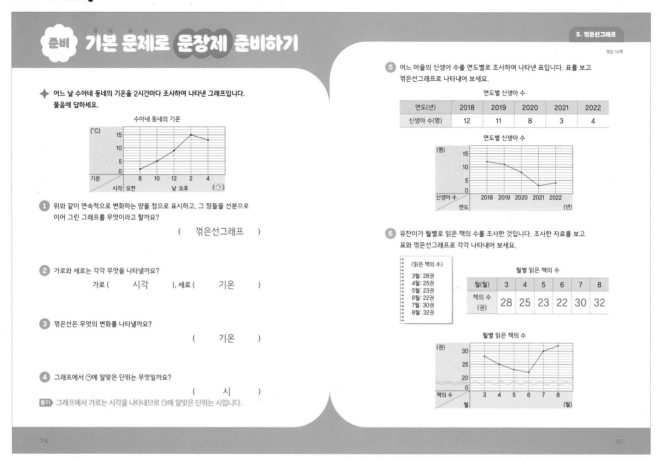

◆ 어느 날 수아네 동네의 기온을 2시간마다 조사하여 나타낸 그래프입니다. 물음에 답하세요.

수아네 동네의 기온

① 위와 같이 연속적으로 변화하는 양을 점으로 표시하고, 그 점들을 선분으로 이어 그린 그래프를 무엇이라고 할까요?

(꺾은선그래프)

② 가로와 세로는 각각 무엇을 나타낼까요?

가로 (시각), 세로 (기온)

③ 꺾은선은 무엇의 변화를 나타낼까요?

(기온)

④ 그래프에서 ㉠에 알맞은 단위는 무엇일까요?

(시)

풀이 그래프에서 가로는 시각을 나타내므로 ㉠에 알맞은 단위는 시입니다.

⑤ 어느 마을의 신생아 수를 연도별로 조사하여 나타낸 표입니다. 표를 보고 꺾은선그래프로 나타내어 보세요.

연도별 신생아 수

연도(년)	2018	2019	2020	2021	2022
신생아 수(명)	12	11	8	3	4

연도별 신생아 수

⑥ 유찬이가 월별로 읽은 책의 수를 조사한 것입니다. 조사한 자료를 보고 표와 꺾은선그래프로 각각 나타내어 보세요.

〈읽은 책의 수〉
3월: 28권
4월: 25권
5월: 23권
6월: 22권
7월: 30권
8월: 32권

월별 읽은 책의 수

월(월)	3	4	5	6	7	8
책의 수 (권)	28	25	23	22	30	32

월별 읽은 책의 수

76-77쪽

15일 눈금 한 칸의 크기 구하기

💡 공부한 날짜 ___월 ___일

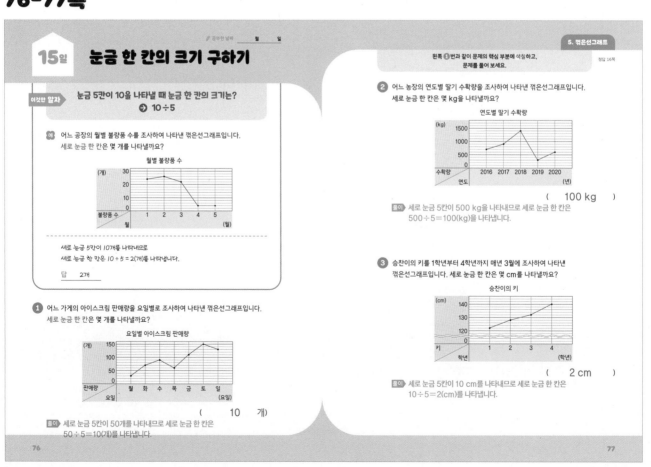

이것만 알자 눈금 5칸이 10을 나타낼 때 눈금 한 칸의 크기는?
→ 10 ÷ 5

예 어느 공장의 월별 불량품 수를 조사하여 나타낸 꺾은선그래프입니다. 세로 눈금 한 칸은 몇 개를 나타낼까요?

월별 불량품 수

세로 눈금 5칸이 10개를 나타내므로
세로 눈금 한 칸은 10 ÷ 5 = 2(개)를 나타냅니다.

답 2개

① 어느 가게의 아이스크림 판매량을 요일별로 조사하여 나타낸 꺾은선그래프입니다. 세로 눈금 한 칸은 몇 개를 나타낼까요?

요일별 아이스크림 판매량

(10 개)

풀이 세로 눈금 5칸이 50개를 나타내므로 세로 눈금 한 칸은
50 ÷ 5 = 10(개)를 나타냅니다.

왼쪽 ①번과 같이 문제의 핵심 부분에 색칠하고, 문제를 풀어 보세요.

② 어느 농장의 연도별 딸기 수확량을 조사하여 나타낸 꺾은선그래프입니다. 세로 눈금 한 칸은 몇 kg을 나타낼까요?

연도별 딸기 수확량

(100 kg)

풀이 세로 눈금 5칸이 500 kg을 나타내므로 세로 눈금 한 칸은
500 ÷ 5 = 100(kg)을 나타냅니다.

③ 승찬이의 키를 1학년부터 4학년까지 매년 3월에 조사하여 나타낸 꺾은선그래프입니다. 세로 눈금 한 칸은 몇 cm를 나타낼까요?

승찬이의 키

(2 cm)

풀이 세로 눈금 5칸이 10 cm를 나타내므로 세로 눈금 한 칸은
10 ÷ 5 = 2(cm)를 나타냅니다.

78-79쪽

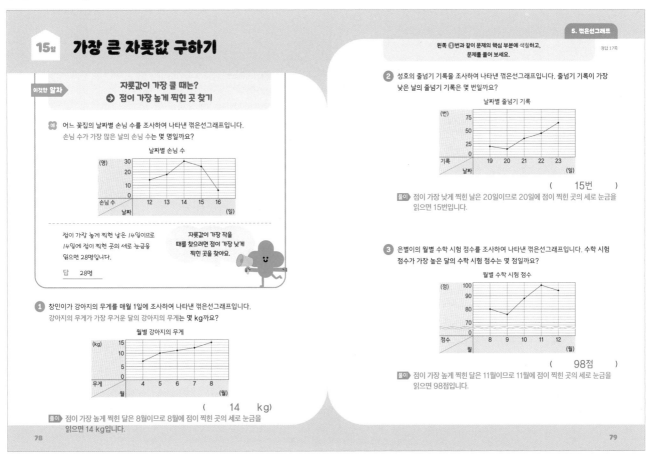

15일 가장 큰 자룟값 구하기

이것만 알자

자룟값이 가장 클 때는?
→ 점이 가장 높게 찍힌 곳 찾기

예 어느 꽃집의 날짜별 손님 수를 조사하여 나타낸 꺾은선그래프입니다.
손님 수가 가장 많은 날의 손님 수는 몇 명일까요?

날짜별 손님 수

점이 가장 높게 찍힌 날은 14일이므로
14일에 점이 찍힌 곳의 세로 눈금을
읽으면 28명입니다.

자룟값이 가장 작을
때를 찾으려면 점이 가장 낮게
찍힌 곳을 찾아요.

답 28명

1 창민이가 강아지의 무게를 매월 1일에 조사하여 나타낸 꺾은선그래프입니다.
강아지의 무게가 가장 무거운 달의 강아지의 무게는 몇 kg일까요?

월별 강아지의 무게

(14 kg)

풀이 점이 가장 높게 찍힌 달은 8월이므로 8월에 점이 찍힌 곳의 세로 눈금을
읽으면 14 kg입니다.

왼쪽 ①번과 같이 문제의 핵심 부분에 색칠하고,
문제를 풀어 보세요.   정답 17쪽

2 성호의 줄넘기 기록을 조사하여 나타낸 꺾은선그래프입니다. 줄넘기 기록이 가장
낮은 날의 줄넘기 기록은 몇 번일까요?

날짜별 줄넘기 기록

(15번)

풀이 점이 가장 낮게 찍힌 날은 20일이므로 20일에 점이 찍힌 곳의 세로 눈금을
읽으면 15번입니다.

3 은별이의 월별 수학 시험 점수를 조사하여 나타낸 꺾은선그래프입니다. 수학 시험
점수가 가장 높은 달의 수학 시험 점수는 몇 점일까요?

월별 수학 시험 점수

(98점)

풀이 점이 가장 높게 찍힌 달은 11월이므로 11월에 점이 찍힌 곳의 세로 눈금을
읽으면 98점입니다.

78   79

80-81쪽

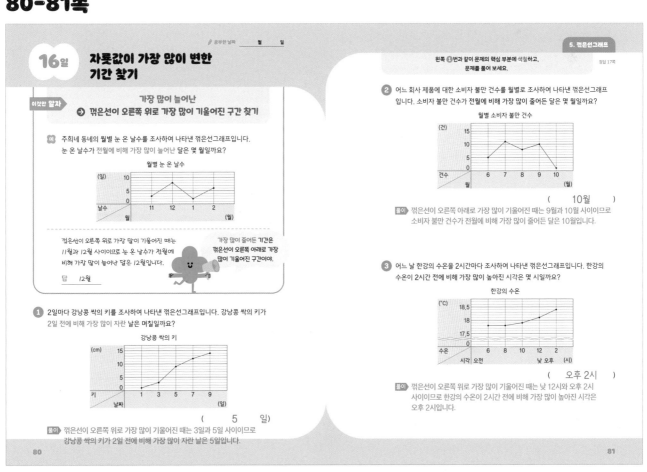

✎ 공부한 날짜   월   일

16일 자룟값이 가장 많이 변한 기간 찾기

이것만 알자

가장 많이 늘어난
→ 꺾은선이 오른쪽 위로 가장 많이 기울어진 구간 찾기

예 주희네 동네의 월별 눈 온 날수를 조사하여 나타낸 꺾은선그래프입니다.
눈 온 날수가 전월에 비해 가장 많이 늘어난 달은 몇 월일까요?

월별 눈 온 날수

꺾은선이 오른쪽 위로 가장 많이 기울어지는 때는
11월과 12월 사이이므로 눈 온 날수가 전월에
비해 가장 많이 늘어난 달은 12월입니다.

가장 많이 줄어든 기간은
꺾은선이 오른쪽 아래로 가장
많이 기울어진 구간이야.

답 12월

1 2일마다 강낭콩 싹의 키를 조사하여 나타낸 꺾은선그래프입니다. 강낭콩 싹의 키가
2일 전에 비해 가장 많이 자란 날은 며칠일까요?

강낭콩 싹의 키

(5 일)

풀이 꺾은선이 오른쪽 위로 가장 많이 기울어진 때는 3일과 5일 사이이므로
강낭콩 싹의 키가 2일 전에 비해 가장 많이 자란 날은 5일입니다.

왼쪽 ①번과 같이 문제의 핵심 부분에 색칠하고,
문제를 풀어 보세요.   정답 17쪽

2 어느 회사 제품에 대한 소비자 불만 건수를 월별로 조사하여 나타낸 꺾은선그래프
입니다. 소비자 불만 건수가 전월에 비해 가장 많이 줄어든 달은 몇 월일까요?

월별 소비자 불만 건수

(10월)

풀이 꺾은선이 오른쪽 아래로 가장 많이 기울어진 때는 9월과 10월 사이이므로
소비자 불만 건수가 전월에 비해 가장 많이 줄어든 달은 10월입니다.

3 어느 날 한강의 수온을 2시간마다 조사하여 나타낸 꺾은선그래프입니다. 한강의
수온이 2시간 전에 비해 가장 많이 높아진 시각은 몇 시일까요?

한강의 수온

(오후 2시)

풀이 꺾은선이 오른쪽 위로 가장 많이 기울어진 때는 낮 12시와 오후 2시
사이이므로 한강의 수온이 2시간 전에 비해 가장 많이 높아진 시각은
오후 2시입니다.

80   81

17

5 꺾은선그래프

82-83쪽

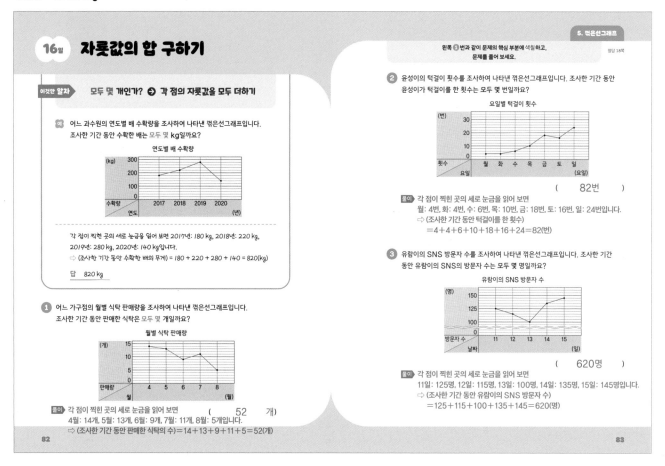

16일 자룻값의 합 구하기

이것만 알자 모두 몇 개인가? ➡ 각 점의 자룻값을 모두 더하기

예 어느 과수원의 연도별 배 수확량을 조사하여 나타낸 꺾은선그래프입니다. 조사한 기간 동안 수확한 배는 모두 몇 kg일까요?

연도별 배 수확량

각 점이 찍힌 곳의 세로 눈금을 읽어 보면 2017년: 180 kg, 2018년: 220 kg, 2019년: 280 kg, 2020년: 140 kg입니다.
➡ (조사한 기간 동안 수확한 배의 무게) = 180 + 220 + 280 + 140 = 820(kg)

답 820 kg

① 어느 가구점의 월별 식탁 판매량을 조사하여 나타낸 꺾은선그래프입니다. 조사한 기간 동안 판매한 식탁은 모두 몇 개일까요?

월별 식탁 판매량

풀이 각 점이 찍힌 곳의 세로 눈금을 읽어 보면 (52 개)
4월: 14개, 5월: 13개, 6월: 9개, 7월: 11개, 8월: 5개입니다.
➡ (조사한 기간 동안 판매한 식탁의 수) = 14 + 13 + 9 + 11 + 5 = 52(개)

왼쪽 **①**번과 같이 문제의 핵심 부분에 색칠하고, 문제를 풀어 보세요. 정답 18쪽

② 윤성이의 턱걸이 횟수를 조사하여 나타낸 꺾은선그래프입니다. 조사한 기간 동안 윤성이가 턱걸이를 한 횟수는 모두 몇 번일까요?

요일별 턱걸이 횟수

(82번)

풀이 각 점이 찍힌 곳의 세로 눈금을 읽어 보면
월: 4번, 화: 4번, 수: 6번, 목: 10번, 금: 18번, 토: 16번, 일: 24번입니다.
➡ (조사한 기간 동안 턱걸이를 한 횟수)
 = 4 + 4 + 6 + 10 + 18 + 16 + 24 = 82(번)

③ 유람이의 SNS 방문자 수를 조사하여 나타낸 꺾은선그래프입니다. 조사한 기간 동안 유람이의 SNS의 방문자 수는 모두 몇 명일까요?

유람이의 SNS 방문자 수

(620명)

풀이 각 점이 찍힌 곳의 세로 눈금을 읽어 보면
11일: 125명, 12일: 115명, 13일: 100명, 14일: 135명, 15일: 145명입니다.
➡ (조사한 기간 동안 유람이의 SNS 방문자 수)
 = 125 + 115 + 100 + 135 + 145 = 620(명)

84-85쪽

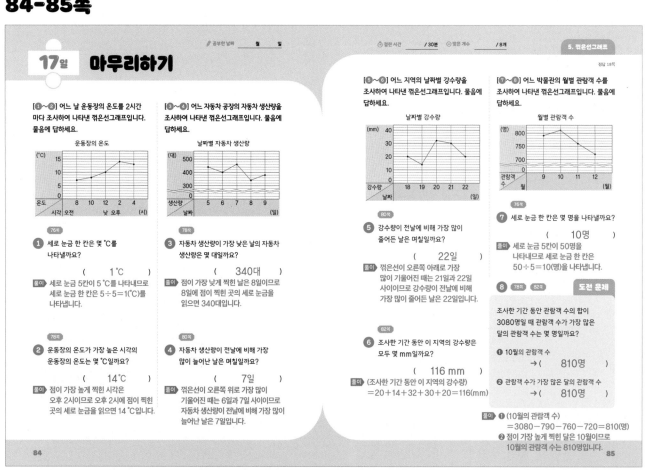

17일 마무리하기

✏ 공부한 날짜 월 일
⏱ 걸린 시간 / 30분 ✓ 맞은 개수 / 8개 **5. 꺾은선그래프**

[①~②] 어느 날 운동장의 온도를 2시간마다 조사하여 나타낸 꺾은선그래프입니다. 물음에 답하세요.

운동장의 온도

76쪽
① 세로 눈금 한 칸은 몇 °C를 나타낼까요?
(1 °C)
풀이 세로 눈금 5칸이 5 °C를 나타내므로 세로 눈금 한 칸은 5 ÷ 5 = 1(°C)를 나타냅니다.

78쪽
② 운동장의 온도가 가장 높은 시각의 운동장의 온도는 몇 °C일까요?
(14 °C)
풀이 점이 가장 높게 찍힌 시각은 오후 2시이므로 오후 2시에 점이 찍힌 곳의 세로 눈금을 읽으면 14 °C입니다.

[③~④] 어느 자동차 공장의 자동차 생산량을 조사하여 나타낸 꺾은선그래프입니다. 물음에 답하세요.

날짜별 자동차 생산량

76쪽
③ 자동차 생산량이 가장 낮은 날의 자동차 생산량은 몇 대일까요?
(340대)
풀이 점이 가장 낮게 찍힌 날은 8일이므로 8일에 점이 찍힌 곳의 세로 눈금을 읽으면 340대입니다.

80쪽
④ 자동차 생산량이 전날에 비해 가장 많이 늘어난 날은 며칠일까요?
(7일)
풀이 꺾은선이 오른쪽 위로 가장 많이 기울어진 때는 6일과 7일 사이이므로 자동차 생산량이 전날에 비해 가장 많이 늘어난 날은 7일입니다.

[⑤~⑥] 어느 지역의 날짜별 강수량을 조사하여 나타낸 꺾은선그래프입니다. 물음에 답하세요.

날짜별 강수량

80쪽
⑤ 강수량이 전날에 비해 가장 많이 줄어든 날은 며칠일까요?
(22일)
풀이 꺾은선이 오른쪽 아래로 가장 많이 기울어진 때는 21일과 22일 사이이므로 강수량이 전날에 비해 가장 많이 줄어든 날은 22일입니다.

82쪽
⑥ 조사한 기간 동안 이 지역의 강수량은 모두 몇 mm일까요?
(116 mm)
풀이 (조사한 기간 동안 이 지역의 강수량) = 20 + 14 + 32 + 30 + 20 = 116(mm)

[⑦~⑧] 어느 박물관의 월별 관람객 수를 조사하여 나타낸 꺾은선그래프입니다. 물음에 답하세요.

월별 관람객 수

76쪽
⑦ 세로 눈금 한 칸은 몇 명을 나타낼까요?
(10명)
풀이 세로 눈금 5칸이 50명을 나타내므로 세로 눈금 한 칸은 50 ÷ 5 = 10(명)을 나타냅니다.

⑧ **78쪽** **82쪽** **도전 문제**

조사한 기간 동안 관람객 수의 합이 3080명일 때 관람객 수가 가장 많은 달의 관람객 수는 몇 명일까요?

❶ 10월의 관람객 수
→ (810명)
❷ 관람객 수가 가장 많은 달의 관람객 수
→ (810명)

풀이 ❶ (10월의 관람객 수)
 = 3080 - 790 - 760 - 720 = 810(명)
❷ 점이 가장 높게 찍힌 달은 10월이므로 10월의 관람객 수는 810명입니다.

6 다각형

88-89쪽

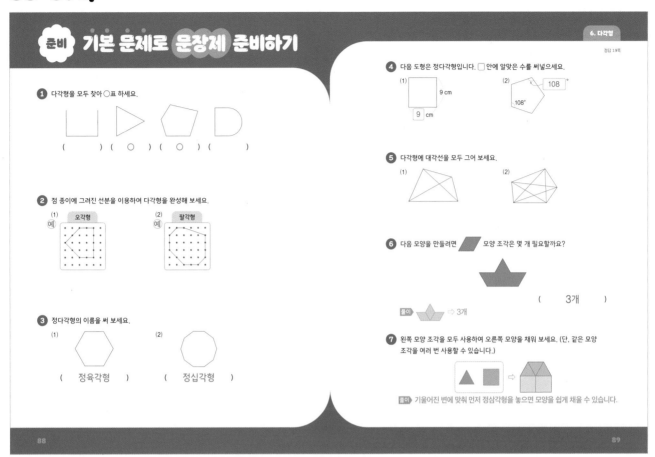

준비 기본 문제로 문장제 준비하기

정답 19쪽

1 다각형을 모두 찾아 ○표 하세요.

( ) (○) (○) ( )

2 점 종이에 그려진 선분을 이용하여 다각형을 완성해 보세요.

(1) 오각형 (예)
(2) 팔각형 (예)

3 정다각형의 이름을 써 보세요.

(1) (정육각형)
(2) (정십각형)

4 다음 도형은 정다각형입니다. □ 안에 알맞은 수를 써넣으세요.

(1) 9 cm, 9 cm
(2) 108°, 108°

5 다각형에 대각선을 모두 그어 보세요.

(1)
(2)

6 다음 모양을 만들려면 ▱ 모양 조각은 몇 개 필요할까요?

(3개)

풀이 ⇨ 3개

7 왼쪽 모양 조각을 모두 사용하여 오른쪽 모양을 채워 보세요. (단, 같은 모양 조각을 여러 번 사용할 수 있습니다.)

▲ ■ ⇨

풀이 기울어진 변에 맞춰 먼저 정삼각형을 놓으면 모양을 쉽게 채울 수 있습니다.

90-91쪽

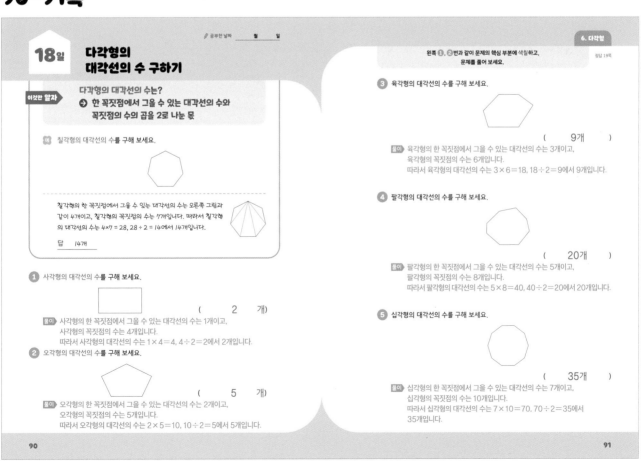

✎ 공부한 날짜   월   일

18일 다각형의 대각선의 수 구하기

이것만 알자 다각형의 대각선의 수는?
➡ 한 꼭짓점에서 그을 수 있는 대각선의 수와 꼭짓점의 수의 곱을 2로 나눈 몫

예 칠각형의 대각선의 수를 구해 보세요.

칠각형의 한 꼭짓점에서 그을 수 있는 대각선의 수는 오른쪽 그림과 같이 4개이고, 칠각형의 꼭짓점의 수는 7개입니다. 따라서 칠각형의 대각선의 수는 4×7=28, 28÷2=14에서 14개입니다.

답 14개

1 사각형의 대각선의 수를 구해 보세요.

(2 개)

풀이 사각형의 한 꼭짓점에서 그을 수 있는 대각선의 수는 1개이고, 사각형의 꼭짓점의 수는 4개입니다. 따라서 사각형의 대각선의 수는 1×4=4, 4÷2=2에서 2개입니다.

2 오각형의 대각선의 수를 구해 보세요.

(5 개)

풀이 오각형의 한 꼭짓점에서 그을 수 있는 대각선의 수는 2개이고, 오각형의 꼭짓점의 수는 5개입니다. 따라서 오각형의 대각선의 수는 2×5=10, 10÷2=5에서 5개입니다.

왼쪽 ❶, ❷번과 같이 문제의 핵심 부분에 색칠하고, 문제를 풀어 보세요.

정답 19쪽

3 육각형의 대각선의 수를 구해 보세요.

(9개)

풀이 육각형의 한 꼭짓점에서 그을 수 있는 대각선의 수는 3개이고, 육각형의 꼭짓점의 수는 6개입니다. 따라서 육각형의 대각선의 수는 3×6=18, 18÷2=9에서 9개입니다.

4 팔각형의 대각선의 수를 구해 보세요.

(20개)

풀이 팔각형의 한 꼭짓점에서 그을 수 있는 대각선의 수는 5개이고, 팔각형의 꼭짓점의 수는 8개입니다. 따라서 팔각형의 대각선의 수는 5×8=40, 40÷2=20에서 20개입니다.

5 십각형의 대각선의 수를 구해 보세요.

(35개)

풀이 십각형의 한 꼭짓점에서 그을 수 있는 대각선의 수는 7개이고, 십각형의 꼭짓점의 수는 10개입니다. 따라서 십각형의 대각선의 수는 7×10=70, 70÷2=35에서 35개입니다.

6 다각형

92-93쪽

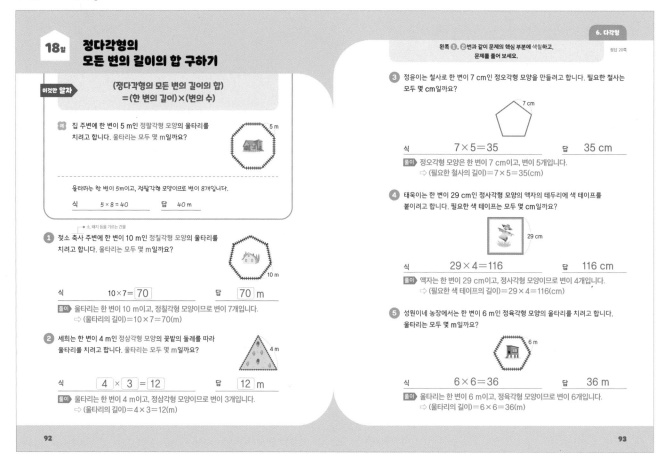

18일 정다각형의 모든 변의 길이의 합 구하기

이것만 알자

(정다각형의 모든 변의 길이의 합)
=(한 변의 길이)×(변의 수)

예 집 주변에 한 변이 5 m인 정팔각형 모양의 울타리를 치려고 합니다. 울타리는 모두 몇 m일까요?

울타리는 한 변이 5 m이고, 정팔각형 모양이므로 변이 8개입니다.

식 5×8=40   답 40 m

1 젖소 축사 주변에 한 변이 10 m인 정칠각형 모양의 울타리를 치려고 합니다. 울타리는 모두 몇 m일까요?

식 10×7=70   답 70 m

풀이 울타리는 한 변이 10 m이고, 정칠각형 모양이므로 변이 7개입니다.
⇨ (울타리의 길이)=10×7=70(m)

2 세희는 한 변이 4 m인 정삼각형 모양의 꽃밭의 둘레를 따라 울타리를 치려고 합니다. 울타리는 모두 몇 m일까요?

식 4×3=12   답 12 m

풀이 울타리는 한 변이 4 m이고, 정삼각형 모양이므로 변이 3개입니다.
⇨ (울타리의 길이)=4×3=12(m)

왼쪽 ❶, ❷번과 같이 문제의 핵심 부분에 색칠하고, 문제를 풀어 보세요.

정답 20쪽

3 정윤이는 철사로 한 변이 7 cm인 정오각형 모양을 만들려고 합니다. 필요한 철사는 모두 몇 cm일까요?

식 7×5=35   답 35 cm

풀이 정오각형 모양은 한 변이 7 cm이고, 변이 5개입니다.
⇨ (필요한 철사의 길이)=7×5=35(cm)

4 태욱이는 한 변이 29 cm인 정사각형 모양의 액자의 테두리에 색 테이프를 붙이려고 합니다. 필요한 색 테이프는 모두 몇 cm일까요?

식 29×4=116   답 116 cm

풀이 액자는 한 변이 29 cm이고, 정사각형 모양이므로 변이 4개입니다.
⇨ (필요한 색 테이프의 길이)=29×4=116(cm)

5 성원이네 농장에서는 한 변이 6 m인 정육각형 모양의 울타리를 치려고 합니다. 울타리는 모두 몇 m일까요?

식 6×6=36   답 36 m

풀이 울타리는 한 변이 6 m이고, 정육각형 모양이므로 변이 6개입니다.
⇨ (울타리의 길이)=6×6=36(m)

94-95쪽

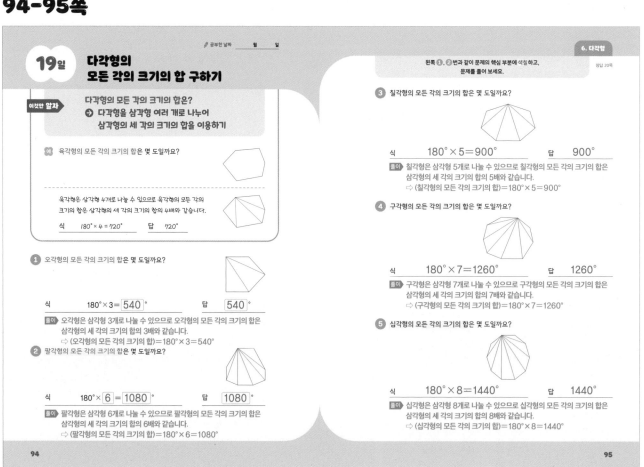

공부한 날짜   월   일

19일 다각형의 모든 각의 크기의 합 구하기

이것만 알자

다각형의 모든 각의 크기의 합은?
➡ 다각형을 삼각형 여러 개로 나누어 삼각형의 세 각의 크기의 합을 이용하기

예 육각형의 모든 각의 크기의 합은 몇 도일까요?

육각형은 삼각형 4개로 나눌 수 있으므로 육각형의 모든 각의 크기의 합은 삼각형의 세 각의 크기의 합의 4배와 같습니다.

식 180°×4=720°   답 720°

1 오각형의 모든 각의 크기의 합은 몇 도일까요?

식 180°×3=540°   답 540°

풀이 오각형은 삼각형 3개로 나눌 수 있으므로 오각형의 모든 각의 크기의 합은 삼각형의 세 각의 크기의 합의 3배와 같습니다.
⇨ (오각형의 모든 각의 크기의 합)=180°×3=540°

2 팔각형의 모든 각의 크기의 합은 몇 도일까요?

식 180°×6=1080°   답 1080°

풀이 팔각형은 삼각형 6개로 나눌 수 있으므로 팔각형의 모든 각의 크기의 합은 삼각형의 세 각의 크기의 합의 6배와 같습니다.
⇨ (팔각형의 모든 각의 크기의 합)=180°×6=1080°

왼쪽 ❶, ❷번과 같이 문제의 핵심 부분에 색칠하고, 문제를 풀어 보세요.

정답 20쪽

3 칠각형의 모든 각의 크기의 합은 몇 도일까요?

식 180°×5=900°   답 900°

풀이 칠각형은 삼각형 5개로 나눌 수 있으므로 칠각형의 모든 각의 크기의 합은 삼각형의 세 각의 크기의 합의 5배와 같습니다.
⇨ (칠각형의 모든 각의 크기의 합)=180°×5=900°

4 구각형의 모든 각의 크기의 합은 몇 도일까요?

식 180°×7=1260°   답 1260°

풀이 구각형은 삼각형 7개로 나눌 수 있으므로 구각형의 모든 각의 크기의 합은 삼각형의 세 각의 크기의 합의 7배와 같습니다.
⇨ (구각형의 모든 각의 크기의 합)=180°×7=1260°

5 십각형의 모든 각의 크기의 합은 몇 도일까요?

식 180°×8=1440°   답 1440°

풀이 십각형은 삼각형 8개로 나눌 수 있으므로 십각형의 모든 각의 크기의 합은 삼각형의 세 각의 크기의 합의 8배와 같습니다.
⇨ (십각형의 모든 각의 크기의 합)=180°×8=1440°

96-97쪽

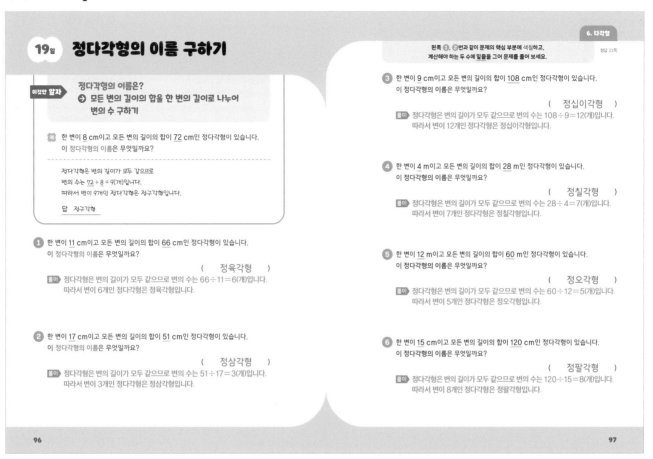

19일 정다각형의 이름 구하기

6. 다각형

정답 21쪽

이것만 알자
정다각형의 이름은?
➡ **모든 변의 길이의 합을 한 변의 길이로 나누어 변의 수 구하기**

예 한 변이 8 cm이고 모든 변의 길이의 합이 72 cm인 정다각형이 있습니다.
이 정다각형의 이름은 무엇일까요?

정다각형은 변의 길이가 모두 같으므로
변의 수는 72÷8＝9(개)입니다.
따라서 변이 9개인 정다각형은 정구각형입니다.

답 정구각형

1 한 변이 11 cm이고 모든 변의 길이의 합이 66 cm인 정다각형이 있습니다.
이 정다각형의 이름은 무엇일까요?
(정육각형)
풀이 정다각형은 변의 길이가 모두 같으므로 변의 수는 66÷11＝6(개)입니다.
따라서 변이 6개인 정다각형은 정육각형입니다.

2 한 변이 17 cm이고 모든 변의 길이의 합이 51 cm인 정다각형이 있습니다.
이 정다각형의 이름은 무엇일까요?
(정삼각형)
풀이 정다각형은 변의 길이가 모두 같으므로 변의 수는 51÷17＝3(개)입니다.
따라서 변이 3개인 정다각형은 정삼각형입니다.

왼쪽 1, 2번과 같이 문제의 핵심 부분에 색칠하고, 계산해야 하는 두 수에 밑줄을 그어 문제를 풀어 보세요.

3 한 변이 9 cm이고 모든 변의 길이의 합이 108 cm인 정다각형이 있습니다.
이 정다각형의 이름은 무엇일까요?
(정십이각형)
풀이 정다각형은 변의 길이가 모두 같으므로 변의 수는 108÷9＝12(개)입니다.
따라서 변이 12개인 정다각형은 정십이각형입니다.

4 한 변이 4 m이고 모든 변의 길이의 합이 28 m인 정다각형이 있습니다.
이 정다각형의 이름은 무엇일까요?
(정칠각형)
풀이 정다각형은 변의 길이가 모두 같으므로 변의 수는 28÷4＝7(개)입니다.
따라서 변이 7개인 정다각형은 정칠각형입니다.

5 한 변이 12 m이고 모든 변의 길이의 합이 60 m인 정다각형이 있습니다.
이 정다각형의 이름은 무엇일까요?
(정오각형)
풀이 정다각형은 변의 길이가 모두 같으므로 변의 수는 60÷12＝5(개)입니다.
따라서 변이 5개인 정다각형은 정오각형입니다.

6 한 변이 15 cm이고 모든 변의 길이의 합이 120 cm인 정다각형이 있습니다.
이 정다각형의 이름은 무엇일까요?
(정팔각형)
풀이 정다각형은 변의 길이가 모두 같으므로 변의 수는 120÷15＝8(개)입니다.
따라서 변이 8개인 정다각형은 정팔각형입니다.

98-99쪽

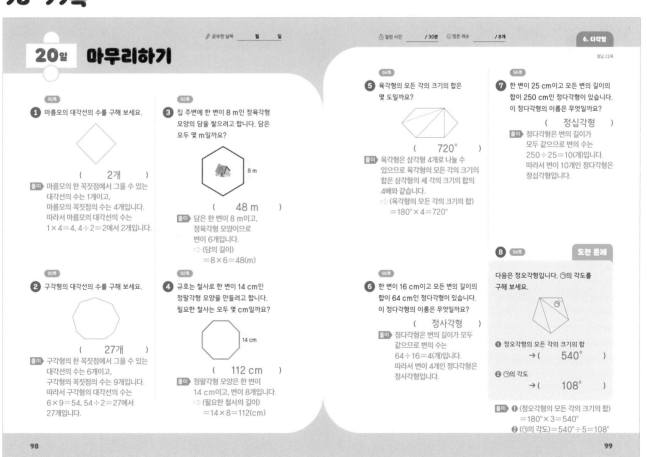

20일 마무리하기

✏ 공부한 날짜   월   일

⏱ 걸린 시간 / 30분   ☑ 맞은 개수 / 8개

6. 다각형

정답 21쪽

90쪽
1 마름모의 대각선의 수를 구해 보세요.
(2개)
풀이 마름모의 한 꼭짓점에서 그을 수 있는 대각선의 수는 1개이고,
마름모의 꼭짓점의 수는 4개입니다.
따라서 마름모의 대각선의 수는
1×4＝4, 4÷2＝2에서 2개입니다.

90쪽
2 구각형의 대각선의 수를 구해 보세요.
(27개)
풀이 구각형의 한 꼭짓점에서 그을 수 있는 대각선의 수는 6개이고,
구각형의 꼭짓점의 수는 9개입니다.
따라서 구각형의 대각선의 수는
6×9＝54, 54÷2＝27에서 27개입니다.

92쪽
3 집 주변에 한 변이 8 m인 정육각형 모양의 담을 쌓으려고 합니다. 담은 모두 몇 m일까요?

8 m

(48 m)
풀이 담은 한 변이 8 m이고, 정육각형 모양이므로 변이 6개입니다.
➡ (담의 길이)
＝8×6＝48(m)

92쪽
4 규호는 철사로 한 변이 14 cm인 정팔각형 모양을 만들려고 합니다. 필요한 철사는 모두 몇 cm일까요?

14 cm

(112 cm)
풀이 정팔각형 모양은 한 변이 14 cm이고, 변이 8개입니다.
➡ (필요한 철사의 길이)
＝14×8＝112(cm)

94쪽
5 육각형의 모든 각의 크기의 합은 몇 도일까요?
(720°)
풀이 육각형은 삼각형 4개로 나눌 수 있으므로 육각형의 모든 각의 크기의 합은 삼각형의 세 각의 크기의 합의 4배와 같습니다.
➡ (육각형의 모든 각의 크기의 합)
＝180°×4＝720°

96쪽
6 한 변이 16 cm이고 모든 변의 길이의 합이 64 cm인 정다각형이 있습니다. 이 정다각형의 이름은 무엇일까요?
(정사각형)
풀이 정다각형은 변의 길이가 모두 같으므로 변의 수는
64÷16＝4(개)입니다.
따라서 변이 4개인 정다각형은 정사각형입니다.

96쪽
7 한 변이 25 cm이고 모든 변의 길이의 합이 250 cm인 정다각형이 있습니다. 이 정다각형의 이름은 무엇일까요?
(정십각형)
풀이 정다각형은 변의 길이가 모두 같으므로 변의 수는
250÷25＝10(개)입니다.
따라서 변이 10개인 정다각형은 정십각형입니다.

도전 문제
8 94쪽
다음은 정오각형입니다. ㉠의 각도를 구해 보세요.

❶ 정오각형의 모든 각의 크기의 합
→(540°)

❷ ㉠의 각도
→(108°)

풀이 ❶ (정오각형의 모든 각의 크기의 합)
＝180°×3＝540°
❷ (㉠의 각도)＝540°÷5＝108°

실력 평가

❶ 계산 결과를 대분수로 나타내지 않아도 정답으로 인정합니다.

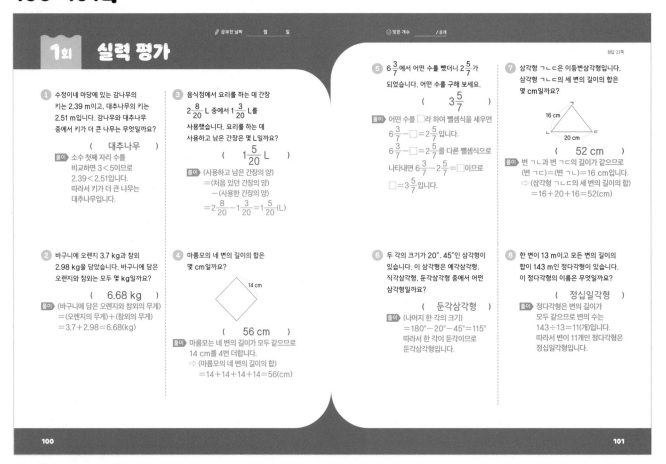

1회 실력 평가

✎ 공부한 날짜   월   일   ☺ 맞은 개수   / 8개

정답 22쪽

1 수정이네 마당에 있는 감나무의 키는 2.39 m이고, 대추나무의 키는 2.51 m입니다. 감나무와 대추나무 중에서 키가 더 큰 나무는 무엇일까요?

(대추나무   )

풀이 소수 첫째 자리 수를 비교하면 3 < 5이므로 2.39 < 2.51입니다. 따라서 키가 더 큰 나무는 대추나무입니다.

2 바구니에 오렌지 3.7 kg과 참외 2.98 kg을 담았습니다. 바구니에 담은 오렌지와 참외는 모두 몇 kg일까요?

(6.68 kg   )

풀이 (바구니에 담은 오렌지와 참외의 무게) = (오렌지의 무게) + (참외의 무게) = 3.7 + 2.98 = 6.68(kg)

3 음식점에서 요리를 하는 데 간장 $2\frac{8}{20}$ L 중에서 $1\frac{3}{20}$ L를 사용했습니다. 요리를 하는 데 사용하고 남은 간장은 몇 L일까요?

($1\frac{5}{20}$ L   )

풀이 (사용하고 남은 간장의 양) = (처음 있던 간장의 양) − (사용한 간장의 양) = $2\frac{8}{20} - 1\frac{3}{20} = 1\frac{5}{20}$(L)

4 마름모의 네 변의 길이의 합은 몇 cm일까요?

14 cm

(56 cm   )

풀이 마름모는 네 변의 길이가 모두 같으므로 14 cm를 4번 더합니다. ⇨ (마름모의 네 변의 길이의 합) = 14 + 14 + 14 + 14 = 56(cm)

5 $6\frac{3}{7}$에서 어떤 수를 뺐더니 $2\frac{5}{7}$가 되었습니다. 어떤 수를 구해 보세요.

($3\frac{5}{7}$)

풀이 어떤 수를 □라 하여 뺄셈식을 세우면 $6\frac{3}{7} - □ = 2\frac{5}{7}$입니다. $6\frac{3}{7} - □ = 2\frac{5}{7}$를 다른 뺄셈식으로 나타내면 $6\frac{3}{7} - 2\frac{5}{7} = □$이므로 □ = $3\frac{5}{7}$입니다.

6 두 각의 크기가 20°, 45°인 삼각형이 있습니다. 이 삼각형은 예각삼각형, 직각삼각형, 둔각삼각형 중에서 어떤 삼각형일까요?

(둔각삼각형   )

풀이 (나머지 한 각의 크기) = 180° − 20° − 45° = 115° 따라서 한 각이 둔각이므로 둔각삼각형입니다.

7 삼각형 ㄱㄴㄷ은 이등변삼각형입니다. 삼각형 ㄱㄴㄷ의 세 변의 길이의 합은 몇 cm일까요?

16 cm

20 cm

(52 cm   )

풀이 변 ㄱㄴ과 변 ㄱㄷ의 길이가 같으므로 (변 ㄱㄷ) = (변 ㄱㄴ) = 16 cm입니다. ⇨ (삼각형 ㄱㄴㄷ의 세 변의 길이의 합) = 16 + 20 + 16 = 52(cm)

8 한 변이 13 m이고 모든 변의 길이의 합이 143 m인 정다각형이 있습니다. 이 정다각형의 이름은 무엇일까요?

(정십일각형   )

풀이 정다각형은 변의 길이가 모두 같으므로 변의 수는 143 ÷ 13 = 11(개)입니다. 따라서 변이 11개인 정다각형은 정십일각형입니다.

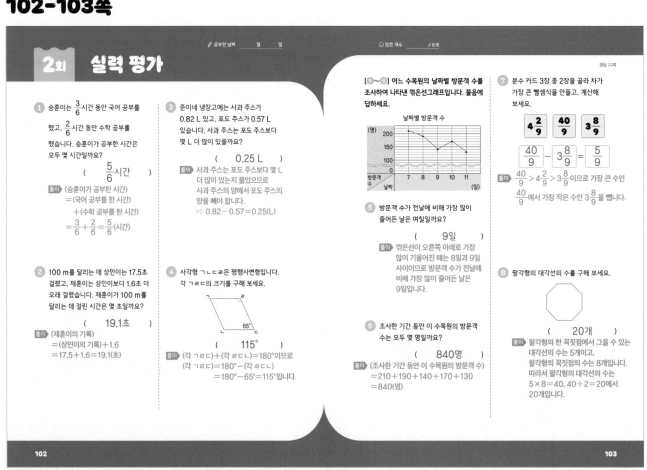

2회 실력 평가

✎ 공부한 날짜   월   일   ☺ 맞은 개수   / 8개

정답 22쪽

1 승훈이는 $\frac{3}{6}$시간 동안 국어 공부를 했고, $\frac{2}{6}$시간 동안 수학 공부를 했습니다. 승훈이가 공부한 시간은 모두 몇 시간일까요?

($\frac{5}{6}$시간   )

풀이 (승훈이가 공부한 시간) = (국어 공부를 한 시간) + (수학 공부를 한 시간) = $\frac{3}{6} + \frac{2}{6} = \frac{5}{6}$(시간)

2 100 m를 달리는 데 상민이는 17.5초 걸렸고, 재훈이는 상민이보다 1.6초 더 오래 걸렸습니다. 재훈이가 100 m를 달리는 데 걸린 시간은 몇 초일까요?

(19.1초   )

풀이 (재훈이의 기록) = (상민이의 기록) + 1.6 = 17.5 + 1.6 = 19.1(초)

3 준이네 냉장고에는 사과 주스가 0.82 L 있고, 포도 주스가 0.57 L 있습니다. 사과 주스는 포도 주스보다 몇 L 더 많이 있을까요?

(0.25 L   )

풀이 사과 주스는 포도 주스보다 몇 L 더 많이 있는지 물었으므로 사과 주스의 양에서 포도 주스의 양을 빼야 합니다. ⇨ 0.82 − 0.57 = 0.25(L)

4 사각형 ㄱㄴㄷㄹ은 평행사변형입니다. 각 ㄱㄹㄷ의 크기를 구해 보세요.

65°

(115°   )

풀이 (각 ㄱㄹㄷ) + (각 ㄹㄷㄴ) = 180°이므로 (각 ㄱㄹㄷ) = 180° − (각 ㄹㄷㄴ) = 180° − 65° = 115°입니다.

[5~6] 어느 수목원의 날짜별 방문객 수를 조사하여 나타낸 꺾은선그래프입니다. 물음에 답하세요.

날짜별 방문객 수

(명)
200
150
100
0
방문객 수
날짜   7   8   9   10   11   (일)

5 방문객 수가 전날에 비해 가장 많이 줄어든 날은 며칠일까요?

(9일   )

풀이 꺾은선이 오른쪽 아래로 가장 많이 기울어진 때는 8일과 9일 사이이므로 방문객 수가 전날에 비해 가장 많이 줄어든 날은 9일입니다.

6 조사한 기간 동안 이 수목원의 방문객 수는 모두 몇 명일까요?

(840명   )

풀이 (조사한 기간 동안 이 수목원의 방문객 수) = 210 + 190 + 140 + 170 + 130 = 840(명)

7 분수 카드 3장 중 2장을 골라 차가 가장 큰 뺄셈식을 만들고, 계산해 보세요.

$4\frac{2}{9}$ $\frac{40}{9}$ $3\frac{8}{9}$

$\frac{40}{9} - 3\frac{8}{9} = \frac{5}{9}$

풀이 $\frac{40}{9} > 4\frac{2}{9} > 3\frac{8}{9}$이므로 가장 큰 수인 $\frac{40}{9}$에서 가장 작은 수인 $3\frac{8}{9}$를 뺍니다.

8 팔각형의 대각선의 수를 구해 보세요.

(20개   )

풀이 팔각형의 한 꼭짓점에서 그을 수 있는 대각선의 수는 5개이고, 팔각형의 꼭짓점의 수는 8개입니다. 따라서 팔각형의 대각선의 수는 5 × 8 = 40, 40 ÷ 2 = 20에서 20개입니다.

MEMO

MEMO

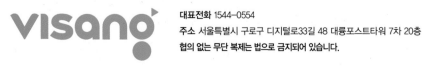

대표전화 1544-0554

주소 서울특별시 구로구 디지털로33길 48 대륭포스트타워 7차 20층

협의 없는 무단 복제는 법으로 금지되어 있습니다.